食品知識ミニブックスシリーズ

〈改訂版〉

紅茶入門

清水　元 編著

日本食糧新聞社
Nissyoku

まえがき

このたび日本食糧新聞社より「紅茶入門」の執筆依頼をいただきました。この分野での適任者は多数おいでのことと存じますが、紅茶業界に44年余籍をおいた一人として、一つの区切りに当たり、今までの見聞を整理・まとめる意味でお引き受けすることにいたしました。

今、世界的に重要な課題は「食の安全・安心」です、日本紅茶協会では、なかでも２００６年施行の残留農薬のポジティブリスト制への対応として、インド、スリランカ、ケニアなどの紅茶生産の主要10カ国との密なる連携と当該国の使用農薬についての検査・分析を行い、またＦＡＯ／ＩＧＧ会議などを通じ食の安全、安心に努めて積極的な対処と、賞味期限ガイドラインの実施検証、そして食育基本法の「食事バランスガイド」のコマの中心軸にあるお茶の位置づけを鑑み「食育」の求めるテーマに少しでも貢献するよう継続的な活動をいたしております。

併せて「安らぎともてなしの心」が現代社会に必要不可欠であるなか、「紅茶」のもつ特性である「安らぎとコミュニケーションのツール」として、さらなる普及拡大を目指しております。

一方、世界では豊かな食生活を過ごしている多くの人々がいる半面、最貧国では飢えのために多くの子供が亡くなっており、しかも世界的には食糧不足が憂慮され、環境変化が作物や人体にもたらす影響は、大きな懸念材料になっています。これらは「食の安心・安全」を超えた大きな解決すべき国際的テーマであり、国際機関や「フェアートレード」、「レインフォレスト」などへの参加・援助を通じこれらの解決に寄与できれば幸いと考えます。

一杯の紅茶を口にする時、一枚一枚、茶の葉をたんねんに摘んでくれた茶摘みの人々、茶園労働者やその家族の「紅茶」への真実の思いを良く汲んで、茶園からティーポットまでのつながりを想いながら味わいたいものです。

終わりに本執筆にご協力いただいた、日本紅茶協会荒木安正氏、日本食糧新聞社の関係スタッフの方に厚くお礼を申し上げます。

初版　著者
清水　元

目　次

第1章　紅茶の沿革と歴史 …… 1

1　茶樹と喫茶の文化の始まり …… 1
(1) 茶の始まり …… 1
(2) 「茶」の語源・発音の始まり …… 5
(3) 紅茶の誕生 …… 5

2　英国紅茶の歴史と文化 …… 9
(1) 英国紅茶文化こと始め …… 9
(2) 茶の流行 …… 11
(3) 中産階級による喫茶の定着 …… 14
(4) 英国上流階級と初期の喫茶習慣 …… 16
(5) 英国中産階級の勃興と喫茶 …… 21
(6) 英国庶民階級と喫茶 …… 23
(7) 英国の「喫茶用具」の発達 …… 25

3　わが国紅茶の歴史と文化 …… 30
(1) わが国紅茶文化こと始め …… 30
(2) 外国紅茶輸入の始まり …… 34
(3) 国産紅茶の始まり …… 36
(4) 紅茶輸入割当時代 …… 38
(5) 国産品種紅茶の増産 …… 38
(6) 紅茶輸入自由化前夜 …… 39
(7) 紅茶輸入自由化以後 …… 45

第2章　紅茶の定義と種類、特徴 …… 47

1　定義 …… 47
(1) 茶樹 …… 47
(2) 茶の語源と呼び名 …… 48

2　原産地と品種 …… 49
(1) アッサム系品種 …… 50
(2) 中国系品種 …… 50

3　製法による分類 …… 50

4　紅茶製品の種類 …… 51
(1) 紅茶製品の区分 …… 51
(2) 加工方法と包装形態の区分 …… 52

第3章 製法……55
1 茶樹の栽培と茶園経営……57
(1) 茶樹の栽培条件……58
(2) 良品質茶の製造条件……58
(3) 茶樹の栽培と増殖方法(苗床・茶園作り)……59
(4) 茶葉の摘採……60
(5) 茶園の経営状態……61
2 機械化と揉捻機の種類……62
(1) リーフスタイル・ローラー……63
(2) ブロークンスタイル・ローラー……63
(3) ローターベイン機……63
(4) CTC機……65
3 オーソドックス製法……65
(1) 摘採茶摘み……65
(2) 萎凋……67
(3) 揉捻……67
(4) 玉解き・ふるい分け……68
(5) 酸化発酵……69
(6) 乾燥……69
(7) 等級区分……70
4 アンオーソドックス製法……71
(1) CTC製法……71
(2) レッグ・カット製法……73
(3) ローターバーン製法……73

第4章 日本の紅茶事情……74
1 紅茶の位置づけ……74
2 紅茶の需給状況……75
3 市場推移……76
(1) 量販市場……77
(2) 贈答用市場……77
(3) 業務用市場……78
(4) 工業用市場……78
(5) 紅茶飲料・インスタントティー市場……79
4 種類別消費量の推移……79

第5章　世界の動向……82

1　生産動向……82
(1) 世界の茶の総需給関係……82
(2) CTC茶の生産状況と特徴……89

2　オークション……91
(1) ティーオークション……91
(2) 世界の主な紅茶取引所としくみ……91
(3) オークション以外の取引
（プライベートセール）……93
(4) オークション価格の動向……94

3　主要生産国の概要……95
(1) インド……95
(2) スリランカ……105
(3) アフリカ……113
(4) インドネシア……118
(5) 中国・台湾……120
(6) バングラデッシュ……124
(7) ネパール……125
(8) トルコ……125
(9) アルゼンチン……125

第6章　品質・規格・表示……126

1　品質審査……126
(1) 審査の目的……126
(2) 審査の方法……126
(3) 審査の基準……127

2　規格（等級区分）……129
(1) 等級区分とは……129
(2) 歴史的な移り変わり……131
(3) 等級区分用語……133

3　表示……133

4　紅茶製品について……135

5　残留農薬……135

6　賞味期限……136

第7章　紅茶の主成分と効能……137
1　嗜好品としての茶の特徴……138
2　紅茶の主成分……139
(1) カフェイン……139
(2) カテキン類（タンニン）……140
(3) そのほかの成分……141

第8章　紅茶の飲み方、バリエーション……142
1　各国での茶の利用法……142
(1) ティーとチャイの違い……142
(2) イギリス式ミルクティー……143
2　紅茶のいれ方の原理……145
3　正しい紅茶のいれ方……146
(1) 日本紅茶協会によるポイント……146
(2) リーフティーのおいしいいれ方……147
(3) 紅茶ティーバッグの扱い方……153
(4) アイスティーのおいしいいれ方……154
4　代表的なティーメニュー……157
(1) HOT TEA……158
(2) ICE TEA……161

第9章　紅茶用語解説……163

参考文献……177

第１章　紅茶の沿革と歴史

1　茶樹と喫茶の文化の始まり

(1) 茶の始まり

茶樹は永年性の常緑樹で、椿（つばき）の仲間である。その多くは、アジアの照葉樹林帯（暖温帯）に広く分布している。この茶樹の原産地については、19世紀の前半に北東インド・アッサム地方の奥地で自生する茶樹が発見されたことなどから、いろいろな学説が発表されたが、現在では『中国・雲南省の西南部を中心とする山間地域である』とする一元説がもっとも有力である。

中国に伝わる神話によれば、「茶樹の発見とその利用（文化）の始まり」は、今からおよそ四千年前（紀元前２７３４年）にさかのぼるという。主人公の「炎天神農」は農業の神で『神農（しんのう）』（シェンナン）の俗称があり、薬草の神、火の神となった半人半獣の想像上の人物である。また、彼は「本草学」（漢方）の始祖としてあがめられ、日夜山野を歩き、「一日に百草（多くの野生の植物）をなめて、72の毒に当たり、そのたびごとに茶の葉で毒を取り除いた」と伝えられる（この伝説は茶の葉に自然と含まれるタンニンの一種「カテキン類」の解毒・浄化作用を発見したことを暗示している）。

伝説とは離れて、周代の紀元前１６０～１５８年頃に埋葬された、長沙「馬王推西漢の墓」が発掘され、木札に文字などを書き記した「木簡」の埋蔵食品リストが発見された。そのなかに「茶」と比定される「檟（カ）」という文字が記載されていた。

このことから、前漢の頃より中国・湖南省の長沙地区では、すでに〝茶〟が利用されており、埋葬品として取り扱われるまでになっていたことが推定されている。

また、四川省に伝わる紀元前59年当時の下男などの使用人（または奴隷）の雇用契約書である『僮約』に、はじめて〝荼〟（タ・ダ。「にが菜」の意。古書では茶の字の前につけて使用された）の古文字がみられる。つまり、この人物の仕事のなかには「茶を買いに行く仕事」、「茶を烹る仕事」などが含まれるという記述である。

茶の利用の形態として考えられるのは、1）最初は樹に生えている生の茶の葉をそのままで噛んだり、しがんだりしたものであろう。それはとても生臭く、とても渋苦いだけのものであったに違いない。そこで、次には、2）茶樹の葉を集めて蒸したり、煮たりした調理された葉を食べてみたのであろう。それからさらに進化して、3）茶の葉を蒸してから、漬けこんで（乳酸）発酵させ、それを噛んだり食べたり（湿った食品）、4）茶樹の枝ごと切り取ってきて火に炙ってから枝ごと湯につけこんで、色や味のある茶湯を飲んだ（乾燥した食品）、などであったろう。とりわけ、最初の『喫茶の原形』としては、『羹（あつもの）』の一種が考えられている。いってみれば「野菜スープ」のようなもので、沸かした湯の中で茶葉を煮る方法（Boilling・ボイリング）と、今一つは、茶の葉の上から単に湯を注ぐ方法（Brewing・ブリューイング）の2通りの工夫があった、と考えられる。

茶の葉の利用のなかで、原始的な工夫の跡が残っている実例としては、次のようなものがある。

・中国雲南省に伝わるタイ族の「ニイエン」（発

酵させた噛み茶）

・タイ北部に伝わる「ミエン」（発酵させた苦味のある食品）

・ミヤンマー（ビルマ）北部に伝わる「ラペソウ」（発酵させたおやつの和えもの）

・ミヤンマー北部・シャン州のパラウン族に伝わる「碁石茶」（発酵茶を臼でひいて、餅状に仕上げる）

・右の類似品で、高知県大豊村の「碁石茶」、徳島県の「阿波番茶」など

中国・唐の時代に「茶は塩とともに交換経済社会の最古で最大の担い手」であった。

そして、唐の中期には茶の消費が中国国内各地に拡大し、地方長官による「課税」の対象となった。『唐代の抹茶』の法はいわゆる「煮茶」（煎茶法）の一種で、釜の中で箸を使ってかき回して点てたものだが、『宋代の抹茶』は茶碗の中で茶筅を使って点てるようになった（わが国の「茶道」はこの伝統を今日まで保持してきた）。

唐代以降になると、「茶を飲む」という風習が次第に近隣の諸国にも広がっていった。これには回教（イスラム教）を信ずる「アラブ人」や「蒙古人」たちの貢献が大きい。茶は最初に中国から陸路で蒙古に伝わった（茶馬の交易は有名）。その後、チベット、モンゴル、シベリア、カシミールへと伝わり、ここから中央アジアを経てアラブ諸国とコーカサス地方へ、さらには北アフリカへと蒙古人の馬蹄の及ぶ国々へと伝えられ、むろん後年にはロシアへも伝えられた。

中国からわが国に茶が伝えられたのは、聖徳太子が摂政となった西暦593年頃とされる。これ

は、仏教文化が中国から伝来したことがきっかけとなった。わが国での文献上の最初は『公事根源』で、西暦729年に聖武天皇が皇居の庭に多数の僧侶たちを集めて、読経の後で中国伝来の茶を彼らに与えた、とされるものである。また、桓武帝の782年に、帰国僧「行賀」が茶を伝え喫茶が始まったとする新説（日経新聞）もある。

西暦800年に入り、遣唐使の最澄（伝教大師）や空海（弘法大師）らが、中国から茶の種子を持ち帰ったとの説もある。しかし、815年に、滋賀県大津・梵釈寺の大僧で在唐35年の『都永忠』が、自ら点てた茶を嵯峨天皇に献上した後、これを貴とされた天皇の御命を受けて、近畿地方で茶樹の栽培を始め、毎年天皇に献上した、と伝えられる（『日本後記』『類聚国史』）。当時の茶は固形茶を砕くか、または削り、粉（抹茶）を湯で煮だし、甘葛（あまずら）、厚朴（ほほ）、ショウガなどの甘味香料を加えて飲んだ。

わが国での喫茶の流行にもっとも貢献したのは「栄西禅師」（1141〜1215年）であろう。叡山で修行の後、天台の教義よりも座禅の修行に強く惹かれて渡宋し、50日後に帰国。密教の一派「葉上派」の開祖となった。1186年に再び渡宋し、1191年に帰国。このときに彼が禅宗とともに持ち帰ったのが、宋の禅寺の儀式と「抹茶の法」であった。彼は茶の種子を九州の佐賀県神崎郡背振山（標高1055m）に蒔いた。この地で育った茶は「石上茶（いわがみちゃ）」と呼ばれ、その茶樹の一部は博多の聖福寺に移植された。栄西はそこで、採れた茶の種子を京都・栂尾（とがのお）の高山寺の「明恵（みょうえ）」に贈った。これが後の『栂尾の本茶』として有名となり、後年になって「宇治の地」に移植された。

1214年、栄西は二日酔いで頭痛のひどい将軍・源実朝に茶を勧め、同時に茶の徳を称えるわが国最初の古典『喫茶養生記』を著し、将軍に献上し、わが国の茶祖と崇められる。内容は人体の生理と喫茶、病気の種類と養生法、茶の名称・効能、茶摘みの季節と摘み方、などである。

(2)「茶」の語源・発音の始まり

茶の語源は、中国貴州省の苗族(ミャオ)が、茶のことを「Tsua・ta(ツァ・タ)」と呼んでいたことに由来する(第2章1(2)参照)。したがって、世界各地への伝播にも次の2つの流れがみられる(周説)。

・ポルトガル人・Cha……広東省澳門や九州の平戸などの方言を採用。

・オランダ人・Te……福健省廈門から地方の方言を採用・伝播。

茶の消費量が上昇傾向に向かった1750年頃のイギリスでは、一般にCHAとTAYまたはTEAを併用していたようだ。そして、19世紀の後半になっても、「インド帰りのエリートの証し」として彼らだけが「CHA」の言葉を使ったという。

(3) 紅茶の誕生

① 茶の分類について

茶は、ツバキ属、ツバキ科の常緑性植物の新芽や若葉を主な原料として造られる世界的な飲料である。つまり、同じ茶の樹の生葉(なまは)を使って、紅茶、緑茶、そして、ウーロン茶などを自由に造ることができる。したがって「紅茶の木」や「緑茶の木」というものが別々にあるのではなく、紅茶の場合はインドやスリランカ、アフリカなどで、その土地の土質や気候風土に適った〝紅茶向きの品種の茶樹〟を選んで農園内で栽培し、農園に近いか、農園内のある製茶加工工場で製造しているのである。

また、現在アジア・アフリカを中心に30数カ国で製造されている「紅茶」や「緑茶」、さらに「ウーロン茶」その他の種類は無数に存在する。しかし、それらの基本的な区分は「製茶の方法の違い」によって行っている。その重要な分かれ道（ポイント）は、「茶の葉の表皮細胞の中に自然に含まれている酸化酵素（ポリフェノール・オキシダーゼ）の働きを活性化させて造るか、活性化をさせないか、活性化をさせるとすればどの程度までか」という技術的な選択によるのである。その結果、酸化酵素の働きを、フルに活性化させたものが「紅茶」、まったく活性化させないものが「緑茶」、一部分、または、半ば以上活性化させたものが「ウーロン茶」ということになる。

歴史的にみてもっとも古典的な製茶法といえば「緑茶」、あるいは「緑茶に近いもの」を造りだす方法であった。しかし、製茶工程の指導・管理がほとんどないままに、できあがりが「緑茶」と思いきや、自然に生葉が酸化発酵を起こしてしまっていた「ウーロン茶、または紅茶」のようなものも多くみられたはずである。

緑茶の製法上の特徴は、茶樹の枝に生え出た新芽や若い葉を摘んでから、すぐに短時間「加熱」して、酸化酵素の働きを抑えて（止めて）しまうことにあり、（できれば）茶の葉をまったく酸化発酵させないというところにある。この「加熱の方法」も、日本と中国では違いがあり、日本では「水蒸気を生葉にあてて蒸す」が、中国・台湾では「釜で生葉を炒る」のである。このように、いずれかの方法で加熱して、いわゆる殺青（さっせい）が済めば、茶の葉を冷却した後で「揉捻」(モミ)を行う。十分に揉みながら、または、揉んだ後で「乾燥」させれば緑茶ができあがる(食品を「蒸す」という知恵は、すでに有史以前からあったと考えられ、「釜で炒る」製法は、明代〈1368~1628〉に確立したと考えられている)。

②ウーロン茶の誕生

緑茶に次いで「ウーロン茶(烏龍茶)」が生産されるようになった。その「原型」は、すでに16世紀、明代には出現していたものとされている(史念書・年表)が、商品としては、おそらく17世紀に入ってから、中国福建省の北部、崇安県の武夷(ブイ)山地区で武夷茶(Bohea・ボヒー、ボヘア)として初めて登場した。

この製法は、紅茶(全発酵茶)と緑茶(不発酵茶)との中間(正しくは緑茶により近い)に当たるもので〝半発酵茶〟として区分されている。一般的には、茶樹の新芽ではなく、芽から数えて2~3枚目の葉、または3~4枚目の葉を摘み集めて、天日による自然萎凋(いちょう)(しおらせて生葉の水分を相当多量に放散させ)、それに続いて室内での萎凋を行い、この間に十分な攪拌を行う。その後、葉を炒り、揉んで(揉捻して)、さらにまた、炒っては再び揉んで、何度も葉の形を整えながら「乾燥」させる。ただし、ウーロン茶の製造法については、国や地方、茶師の伝統・技術などにより幾通りもあるので注意のこと。

③紅茶の登場

18世紀の後半に入って「紅茶」が登場する。中国の福建省で「ウーロン茶(武夷茶)」の製法をさらに進化させて(より十分に発酵させて)、「工夫紅茶(コングー・Congou Tea)」が造り出され、海外市場、とくにイギリスで人気を集めることとなった。「工夫」とは「人の手間がかかる」の意で、茶摘みには若い新芽（みるめ）だけを選び、十分に萎凋をした後、指先で1本ずつ巻き上げてから、下から炭火を燃やした竹製の籠の中で、茶葉をほぐしながら乾燥させた（バスケット・ファイアリング・ばい乾）。しかし、火加減の調整ができたらめであったために、最初のうちは、葉の色が「黒く」、味は「焦げ臭い」ものであった。これは後に、黄山の僧侶の手によって、清らかな香味に改良された。

18世紀の初頭には、ヨーロッパの市場では、茶葉の外観の色が「黒い」ために『ブラック・ティー』と名づけ、外観が緑色の「グリーン・ティー」と区別をするようになった。

わが国でも、1960年頃以前の文献・資料には次のような俗説が記載されていた。「昔、茶が東洋から西洋へ船で運ばれていったが、船が赤道を通過したため、その高い温度と湿度によって茶が船内で発酵し、西洋の港に着いたときには茶の葉が黒く紅茶になっていた。これを試飲したイギリス人たちは、その珍しい香味に狂喜して、すっかりトリコになってしまった」と。これは誠にロマンを感じさせるものであったが、根拠のない俗説といえる。

「紅茶」の製法は、茶樹の新芽や若葉を摘み取って（摘採）から、工場内で8～12時間以上かけてこれらをしおらせる（萎凋）。次に、揉むための機械にかけて、捩りながらよく揉む（揉捻：細胞組織を破壊して、葉の中に含まれるジュースを取りだし、形を整えながら葉をカットする）。葉の中のジュースに含まれる「酸化酵素」の働きですでに発酵は始まるが、揉まれた葉はセメントやタイルなどの上に4～5㎝の厚さに広げられ、自然のままに「酸化発酵」が進み、完全に発酵した段階で、熱風乾燥機の中で「乾燥」される（乾燥後の〝含水分〟は3％を目途とする）。

また、茶樹については、原産地には一元説と二元説とがあるが、最近の学説は二元説支持であり、東アジアの照葉樹林帯のうち、中国・雲南省西南部を中心とした地域であろう、とされている。

良質の紅茶生産地域は、（ダージリンを例外として）赤道と北回帰線との中間に当たる「ティーベルト」地帯の標高の高い山岳地に多い。

また、茶樹の『品種』は多種多様であり、大別して、アッサム系統と中国系統の2変種がある（第2章2参照、中国では、栽培種を、大葉種、中葉種、小葉種の3つに細分化している）。

2 英国紅茶の歴史と文化

(1) 英国紅茶文化こと始め

アジアの照葉樹林帯における茶樹の起源はとても古く、中国での茶の利用の歴史は伝説を除いても2000年以上あるとされる。最初は中国南西部に住む漢族によって「緑茶」（茶葉の色がグリーン）が利用され、長江（揚子江）に沿って東へ、そして南へと伝わり、ついに中国全体に緑茶文化が広がっていった。16世紀以降には緑茶のほかに「ウーロン茶の原型」（茶葉の色がブラック）が加わり、18世紀頃からは酸化発酵度のより強い「紅茶の原型」ができたものと考えられている。そして、19世紀の中頃から世紀末にかけて、かつての大英帝国植民地インド、そしてセイロン島（スリランカ）で本格的な「英帝国紅茶」が誕生し、中国からの茶に代わってその時代の先端をいく「文明先進国の飲料、そして文化」として、周辺の国々に影響を与えながら全世界に伝幡していった。今日では、「紅茶」が世界中の茶総生産の約70％以上を占めて文字通り『世界飲料』となっている。

さて、お話は今から400年ほど前のこと、欧州人にとっては新奇で神秘的な〝東洋の茶と喫茶の文化〟が初めてポルトガル人によって欧州に伝えられたが、商業的な関心は低かった。次いでオランダの貿易商人たちによって自国に持ち帰られ話題となった。中国の茶はまず、オランダの連合東印度会社（VOC）の役員たちのたしなみとなり、約半世紀ほどの間にオランダ・ハーグの宮廷にも愛好され、アムステルダムを中心に豪商・上流階層に流行していった。この頃の喫茶法は「煮出して、砂糖を加え、茶碗から受け皿にいったん移して、音を立ててすする。色（黄色）を補強するためにサフラン湯が用意された」という飲み方が主流であった。当然「喫茶を楽しむこと」は有閑特権階層のステータスであった。

波濤を越えて南アフリカの喜望峰をう回するインド洋の航海は、リスクが大きいが利益も計り知れないものであった。当然オランダ人はフランス、ドイツ、イギリス、そして当時の植民地ニュー・アムステルダム（現在のニューヨーク）へと茶葉と文化を売り込んでいった。これらとほぼ同じ時期に、中国の茶がラクダや馬などの背に縛りつけられて、陸路はるばる千里の砂漠を越えてロシア方面に運ばれていった。おそらく、トルコや蒙古系の人々によって伝えられたものとされる。そして、今日でもユーラシア大陸の西のはずれにある英国と、東のはずれのロシア/CISがことのほか紅茶を愛飲する〝紅茶大国〟である。

〝東洋の茶とその文化〟が格別に英国で受け入れられ普及し、〝英国の紅茶とその文化〟が世界中に伝播されていった背景には、いくつかの特徴がみられる。目立った事象としては、約300年もの期間を要しながらジェントルマン階層（王侯貴族やジェントリー支配階級）の飲み物から、新興中産階層を経て、一般労働者階層にいたるまで「上から下へ」水を流すように喫茶を普及させていった〝スノッビズム〟（俗物精神）や、政治経済的に一時代を支配した世界帝国とEIC（東印度会社）による強力な後押し（中国茶貿易の独占、輸入関税政策、植民地（インド）での茶栽培と紅茶生産など）、英国産茶道具一式の工業生産、国民飲料のエール（ビール）に代えて〝紅茶〟を推奨した英国国教会の支援、などがある。

(2) 茶の流行

もっとも特徴的なのは、英国民の習性〝スノッビズム〟（上流ぶった俗物精神、あやかり心理）であり、王室を頂点としたジェントルマン階層のライフスタイルを下のものがマネをすることと説明されている。18世紀当初のヨーロッパ王侯貴族の最大の関心事は、〝シノワズリー〟（中国趣味）であり、神秘に満ちた東洋の文明に対する驚異と憧憬であった。彼らは先を争って稀少で高価な「東洋の茶と茶道具」を買い求め（見栄の張り合い）、飾り立てた自宅の私室、あるいはサロンで宮廷のお茶会のマネをしながら会話を楽しむことが究極のステータスとなった。

当初、茶と茶道具（銀や陶磁器製の茶器など）のほかには「砂糖」と色染めのできる「インド・キャラコ」が物質的ぜいたく品の中心であり、女性たちの羨望の的であった。「茶に砂糖」の習慣は究極のぜいたくで、とくに砂糖は〝甘くうまい〟だけではなく、すべての食品をおいしく変身させたため、むしろそれまでの着香・着色用のスパイス類(りゅうぜん香、ムスク、サフランなど)は時代遅れとなった。また、ほかの西欧諸国と比較して飲食・調理文化が遅れぎみであった英国では、調理技術先進国のフランスに対するコンプレックスが古くからあり、「せめて英王室中心に流行した茶会における儀式性・神秘性を大切にする」(調理技術よりも、社交のための喫茶の文化を大切にする)という発想があったとも考えられている。さらに英国には上流好みの鉱泉の水やワイン、庶民の水かエール(自家製のビールで2000年の歴史をもつ国民飲料)、果実酒のほかには優れた飲料がなかったが、幸いにも欧州大陸の他国と比べて英国の水は茶にはよく合っていたことも、茶に対するニーズの高まりを支援する部分と考えられる。

英国では、17世紀の前半に薬種商(漢方薬・ハーブ店など)や砂糖・雑貨商が、試みに茶葉を店頭に置いてみたが、17世紀の半ばからは女人禁制の「コーヒー・ハウス」が隆盛し、有閑男性の間に『ホット飲料革命』が始まった。しかし、英国はオランダ、フランスとのコーヒー貿易・生産の主導権争いに破れたために、次第に中国茶貿易を主体とするようになり、国内での喫茶の普及には格別の配慮を試みた。同時に、コーヒー豆の選別、ロースト(焙煎)、ミルで粉砕などの手段を必要とする「コーヒー」は、一般の家庭では、いれにくいものであったのに対して、「茶」は家庭でも比較的簡単にいれられた。さらに、これを推進したと考えられるものに、老若男女の区別なく〝戸外での喫茶〟や盛装での散歩、音楽や踊りが楽しめた「ティーガーデンズ」（喫茶園）の流行があった（図表１—１）。

18世紀の後半以降、産業革命と資本性生産の発展のおかげで、英国が誇る銀や陶磁器の「国産茶道具類の開発と量産と安定供給」も茶の需要拡大に寄与した。さらにこの頃からは、オランダ渡来の安価なアルコール「ジン」などの害が目立ち始め、ジェントルマン社会としての〝礼儀作法〟がやかましくいわれ、禁酒・節制の重要性が叫ばれるようになっていく。とくにヴィクトリア朝の初期１８３３〜５０年頃は、英国国教会が推進する「禁酒「テンペランス運動」が推進され、各地に「禁酒のティー・ミーティング」が盛んに行われたこと

18世紀、戸外でティーを飲む習慣が広がり、公園や遊園地に設けられたティーガーデンは非常に人気があった。

図表１－１　ティーガーデン

や、引き続き勃興した中産階級を主体として、優雅で洗練された家族ぐるみの社交のための「アフタヌーンティー」の流行と定着も、英国での茶の需要を増大させた大きな要因となった。

(3) 中産階級による喫茶の定着

16世紀のインド洋航路が発見されてからは、世界各地から「世界商品」、たとえば、砂糖、コーヒー、ジャガイモ、タバコ、チョコレート、コメ、トマトなどが欧州に紹介されるようになり、東アジア特産の〝茶〟もその一つであった。17世紀初頭の英国では、国王ジェームス1世（在1603～1625年）によって「ぜいたく禁止令が廃止」されたため、どのような身分のものでも〝ぜいたくをする権利〟を得た。ただし、余裕さえあればのかぎりであった。したがって、「ぜいたくができる人（余裕のある人たち）こそが上流階級」との認識ができた。

17世紀の後半頃から英国の東洋貿易はようやく活発化し、次第に強大なパワーを備えたイギリス東印度会社（ＥＩＣ）は、先行していたポルトガルやオランダなどの勢力をアジアの地域から退けて、東洋貿易の主導権（とくに中国茶の貿易独占権）を握り、ヴィクトリア朝を通じて英国が「世界帝国」の地位に成り上がっていった。

オランダがインドネシアのジャワで、次いでセイロンで「コーヒーのプランテーション」（単一栽培の大規模農園）経営を成功させ、ヨーロッパ市場にジャワコーヒーを大量に安く流通させ、フランスも西インド諸島でコーヒー取引の利権を確保したために、最初のうちはアラビヤの「モカコーヒーの貿易」で利益を得ていた英国も、ついにコーヒーをあきらめて、1730年頃を境に「中国茶の貿易」に総力を集中する結果となった。

英国は18世紀の中頃以降世界にさきがけて「産業革命」を成功させ、ヴィクトリア朝を通して近代的な工業化社会を実現させていった。この間に英国内で新興「中産階級」の人たちが大量に生まれた。かつてジェントルマン階層の特権であった〝喫茶の習慣〟が彼らの生活文化として定着するためのさまざまな条件がつぎつぎと整っていった。国内では茶の消費が増大するにつれて「密輸入」や「ニセ茶」問題が発生したが、英国議会による輸入税・消費税などの大幅削減などの措置もあって茶価も下り、輸入量も順調に増大していった。

一方で英国は、西インド諸島（カリブ海諸国のバルバドスやジャマイカ）での〝砂糖のプランテーション〟経営に成功する。これは「食卓革命」とも呼ばれ、かつては銀と同じ価値が認められていたぜいたく品〝砂糖〟の供給量が増えた結果、価格も安くなり、需要が急増したために卸・小売り業者も途方もなく利益をあげることができた。

他方で、英国内の「陶磁器産業」や「金属食器産業」が繁栄し、これまでの貴重で高価な外国産の食器や、日常的に使われてきた木やスズなどの生活用品に替わって、純国産の陶磁製や銀製品などの金属製の食器類（喫茶用具）が量産され、中産階級のレベルにまで普及していった。さらに19世紀後半からは、インド・セイロンにおいて「紅茶のプランテーション」経営に成功し、中国茶一辺倒というこれまでの限定された供給のあり方から脱皮する基礎ができあがった（写真1―1）。そして、中国茶を運搬する専用船「チャイナ・ティクリッパー」（茶運搬のための快速帆船）の時代を経て、

写真１－１　ティープランテーション

英国の造船業が発展して、ついに英国は「7つの海」を制覇する海運大国となったのである。

(4) 英国上流階級と初期の喫茶習慣

17世紀に入ってオランダ商人たちは〝茶〟をオールドロンドンへも売り込んだ。一方、オールドロンドンの砂糖・雑貨商として有名であったD・ローリンソンが、ポルトガル人から1630～40年頃に当時の珍品（茶と茶道具）を仕入れたとの説もある。英国に茶や茶道具が最初にお目見えしたのはこの頃と想定できる（喜多壮一郎『カフェ、コーヒー、タバコ』春陽堂、昭和元年）。

当時の英国社会はO・クロムウエルによるピューリタン（清教徒）革命（1649～58年）によって国王チャールズ1世の処刑もあり〝一大動揺期〟にあった。当然、王侯貴族階層の人たちにとっても娯楽・道楽・賭けごとなど一切禁止であった。したがって、彼らのうちの相当数がオランダやフランスなどに亡命した。こうしてオールドロンドンに住む人たちの生活は、社交よりも〝家庭本位〟とならざるを得ず、解放されない厳格な宗教生活の唯一の享楽が〝家庭での喫煙と喫茶を他人のマネをして試してみる〟という程度であった。

裕福な貴婦人たちは、競うようにして大金を投じて豪華なベッドルームをしつらえて、訪問者にそれらを見せびらかすことが流行した。そして、不倫と自由恋愛が大流行し、「ベッドを離れるのはいつも昼過ぎであること」を誇りとし、午前中の訪問客は男女を問わず喜んで寝室に招き入れられた。そこには女主人公が薄ものの衣装（絹やインド産の木綿キャラコ）を好んで身につけたままで、誇らしげに絢爛（けんらん）豪華なベッドの上で、嗅ぎタバコ（スナップ）を吸い、これみよがしに中国製のぐいのみ茶碗で茶をすすったという。宝石や金銀をちりばめた〝嗅ぎタバコの箱〟と東洋からの〝茶道具と茶の葉〟を手に入れて、それらを客人に見せびらかすこと自体がステータスであり誇りであった。このような有産階級の間での〝ヒマつぶしのための見栄の張り合い〟は長いこと続いた。

他方で、オックスフォードに次いで1652年からオールドロンドンにも「コーヒーハウス」ができた。チャールズ2世による「王政復古」と、それに続く1666年の「ロンドン大火」の後には、ピューリタン革命思想の重圧から解放された人々によってコーヒーハウスが熱烈に支持され、流行社会の拠点として貴族・上流人、事業家・経営者、それに文士や芸術家などのインテリ層を集めて繁栄した。しかし、コーヒーハウスで「コーヒーのほかに茶もチョコレートも扱っていた」にもかかわらず、かたくなにそれらの空間は〝女人禁制〟で、有閑男性だけがヒマつぶしをする社交場であった。やがてコーヒーハウスにおいても、店内で「茶液を飲む（すする）」だけではなく、薬種商や砂糖雑貨商などと同様に、業務店用や家庭用のテークアウト（茶葉の量り売り）を行うようになった。こうして徐々にではあるが上流婦人たちが、時には家庭で喫茶を始めるようになっていった。これには国王チャールズ2世の許にポルトガルから嫁してきた「王妃ブラガンサのキャサリン」の影響も見逃せない（図表1―2）。

16世紀以来の中国との長い友好関係の結果、ポルトガルのブラガンサ王家には、「リスボン式の喫茶法」ともいわれる中国の功夫茶式の喫茶習慣が古くから定着していた。こうした習慣を幼少時

お茶を愛好し、広めた。持参金代わりに砂糖を持って嫁入りした。
当時、砂糖は銀に匹敵するほどの貴重品だった。

図表1－2　キャサリン王妃

から身につけて英国王に嫁した彼女であったが、若くハンサムで陽気な放蕩三昧の国王に軽視されたために、母国から持参した「中国産献上茶」（武夷岩茶?）と、景徳鎮や宜興産の茶道具、超ぜいたくな砂糖菓子、あるいは、かち割り砂糖を用意し侍女に茶をいれさせて、孤独な時間をまぎらわしていた。しかし、このことがヒマと余裕のあり余る宮廷の女性たちの間の羨望の的となり、次第に〝喫茶の習慣〟は広まっていった。

この喫茶習慣の伝播に貢献したのは、王妃キャサリンの後に現われた「女王」や、相次いで帰国した「亡命貴族たち」であった。とりわけ主な亡命先のオランダは、ポルトガルに次いでアジアに積極的に進出し、香料、絹、綿製品、銅、茶、そして日本からの銀や銅の貿易で大いに繁栄した。そして、1640～70年頃の「オランダの黄金時代」にかけては、ハーグやアムステルダムで喫茶が流行し、1666～80年頃には上流階層の間で喫茶がもっともファッショナブルな風習として定着していった。財力のある者は自宅に「茶室」を設け、「お茶会」を開くことが流行した。当時流行した滑稽な茶会の様子は、1701年にアムステルダムで上演された喜劇『ティにいかれたご婦人たち』に表現されていた。

ちょうどこの頃（1666年）、オランダから帰国した亡命貴族、H・B・アーリントン伯とJ・オサリィ伯らの家族が、長年住み慣れたハーグから多量の茶と喫茶の風習を祖国に持ち帰り、友人知人に高値で転売ししっかりともうけた。チャールズ2世の没後に、弟のジェームス2世が即位したが、英国議会が「カトリック教徒」であることに反対し、オランダから新教徒（プロテスタント）

の旗頭であるオレンジ公ウイリアムとメアリー（ジェームス2世の娘）の2人を共同でイギリス国王に迎える決議をした。この「名誉革命」の後、「ウイリアム3世とメアリー2世」による統治の時代となった。新女王メアリーは〝シノワズリー〟（中国趣味）の信奉者で、とくに日本・有田の「古伊万里」の収集家として有名であった。女王は「オランダ式喫茶法」を実践し、「デルフト陶器」の支援者でもあった。

１６９０年頃、初代の「ベッドフォード公爵」が多量の茶葉と中国磁器の茶道具一式を発注し、１７００年頃からは英国内の食料品店で茶葉が量り売りされるようになった。

１７０２年からはウイリアムとメアリーに代わって、英国王位についたのがメアリーの実妹『アン女王』であった。すでにデンマーク王と結婚していた彼女は、英国に帰国していた。彼女も熱心な〝シノワズリーの信奉者〟で、無類のお茶好き（ブランディー好き？との伝説も）であった。彼女の影響によって、まず「朝食には〝エール〟（ビール）に代えて茶をたしなみ」、そして宮廷から上流階層の間に「午後（正餐後）のお茶会」が本格的に流行し、「イギリス式喫茶法」（淹茶法）が定着した。彼女は「ウインザー宮殿」の応接間に「茶室」をしつらえた。優雅な曲線美を活かした〝クイーンアンスタイルのデザイン様式〟は有名である。かくて〝王室好みの喫茶〟の風習は〝上流婦人のヒマつぶしのマネごと、それから見栄の張り合い〟から〝上流婦人としてのたしなみ〟として流行していった（写真１―２）。

クイーンアン様式を代表する洋梨型のティーポット。

写真１－２　クイーンアンスタイルの一例

⑸ 英国中産階級の勃興と喫茶

英国の首相Ｂ・デイズレイリ（１８０４～８１）が活躍したヴィクトリア時代には「富める者と貧しい者と2つの国民」に加えて「間に挟まれた国民」（the people in between）が、当時の英国産業社会の構造変化とともに着実にその数を増やしつつあった。ここでいう「新興中産階層」（中産階級）のことである。この階級は、「やつら」（them）と「俺たち」（us）の階級間の緩衝地帯となって「英国を支える役割」を果たした。

そもそも「産業革命」は、世界に先駆けて１７７０年からおよそ1世紀にわたって英国に興ったもので、全社会的な変革ばかりか、階級の区分概念にも大きな影響を及ぼした。この区分概念の基本を、土地（農地）所有の規模によって整理すると、産業革命以前では、1）国王、

2）地主貴族（1万エーカー以上）、3）ジェントリー（3000エーカー以上）、4）スクワイアー（1000エーカー以上）、5）ヨーマンリー（独立自営農民）となっていた。このうち「ジェントリー、もしくはスクワイアーの階層までをジェントルマン階層」と呼んでいた。

しかし、産業革命の時代に入ってジェントルマン階層のなかには、「土地所有者層」のほかに「高級専門職に携わる人々」が台頭してくる。そして19世紀の前半には次のような職種が「ジェントルマン階層」と認められていたという。1）国教会聖職者、2）法廷弁護士、3）内科医、4）上級官吏、5）陸海軍士官。つまり、地主階層に対して、宗教、司法、行政、軍事、それに生命を預かる専門家たちもジェントルマンとして位置づけられた。

19世紀の後半にはさらに教師、教授、俳優、文筆家、編集者、ジャーナリスト、画家、彫刻家、音楽家、オルガニスト、土木技師などが「ジェントルマン」に含まれるようになった。このようにヴィクトリア朝期の英国の繁栄をもっとも積極的かつ実質的に支えた「新興中産階層」＝「専門職ジェントルマン階層」は、馬車をもち、召使を雇い、ジェントルマンとしての体面を保つことに大きな社会的意義を認めていた。そのなかには、さらに向上して「土地を得て貴族になり果たせること」を最終目標とするものも多くいた。

しかし、〝スノッビズム〟（上流ぶった俗物精神）重視とはいえ、彼らの生活様式は決して〝成金〟のそれではなかった。彼らの主なレジャーは「散歩」であり「ティーガーデン」（喫茶園）へ家族ぐるみで出かけ家庭の幸せを追及することであり、他人から尊敬されるような人格と品性の形成と、その上に立ったジェントルマン風の生活様式が理想であった。それは当然、勤勉・誠実・礼儀・温厚・自尊・自助の精神にあふれたものであった。彼らのなかには紅茶よりもコーヒーを選好する場合も多くみられたが、「アフタヌーンティー」や「アーリーモーニングティー」などの独創的な喫茶習慣を定着させ、ユニオンジャックがはためくところ、世界の各国へ積極的に進出した。任地では、祖国同様の生活文化（ライフスタイル）を永続的に定着させるために協力して教会、集会所、公園、植物園、学校、病院・診療所、食料・雑貨店、薬店、ホテル、ゲストハウス、レストハウス、パブ、クラブハウス、ゴルフ場、クリケット競技場、競馬場、テニスコート、プール、魚釣り場、などを新設する事業に大いに貢献したのであった。

(6) 英国庶民階級と喫茶

かつて上流階級と庶民階級という「2つの国民」に分かれていた英国の社会で、18世紀中頃からの商業革命・産業革命の時期を通じて、庶民階級も「都市労働者」と「一般農民」に分かれていった。そして〝英国では農家の人たちや、貧しい人たちでさえも茶を飲んでいる〟と報告されたように、誰もが時には茶が飲めるようになりつつあった。しかし、現実には、いったん奥方様やお客様が使用した茶葉の出し殻を再び乾燥させた程度の粗茶や、売れ残って古くなってしまった粗悪茶や、産地や品質がまったく分からない密輸入茶や、ブリティッシュティーなどと揶揄されたニセものの茶や、植物の葉などを勝手に混ぜ込んだ混合茶などが「欲しいものがお安く手に入る」という理由で普及していたと想像される。

英国では17世紀の中頃から1世紀もかかって王室から上流階級の間に〝砂糖入りの茶と茶会〟が伝播した。三角錐に仕上げられた〝棒砂糖〟をかち割って、それらを口に含んで温かい茶をすすっていたと思われる。その後の18世紀の中頃から、茶液の中に砂糖のかけらを入れて、スプーンで溶かしながら茶を飲むようになった、と思われる。こうした「上流階級」の喫茶の風習を、新しく誕生し余裕のでき始めた「中産階級」が真似るようになり、彼らの間に広がっていった。この間に、西インド諸島での砂糖プランテーションが発展し、砂糖の供給が大幅に増えて価格も急速に下がった。他方で、英国産の茶道具類が量産されるようになり、1853年以降には茶の輸入税も大幅に引き下げられた。かくて、一般「庶民階級」の家庭でも「砂糖入りの茶が飲める」条件が整っていった。

英国の庶民階級に喫茶の習慣が定着するうえで、重要なカギとなったものは、「産業革命」の進展と全社会的な変革と、あわせて19世紀の初め頃からの1世紀もの長い間に徐々に広がった〝あらゆる職場・作業現場での給食の習慣〟(朝食、昼食、夜食、午前・午後の休憩など)であったと思われる。しかし、実際に「庶民階級が砂糖入りの紅茶が欲しいだけ飲める」ようになったのは19世紀後半からであり、「ティーポット」の一般への普及もこの頃からであった。

こうして「紅茶」がそれまで国民飲料であった自家製の「エール」(ビール)や「ジン」に代わって国民生活の柱となっていった。これには、「アルコールを控えて紅茶を飲もう」といった全国的な禁酒・節酒キャンペーンの成果や、ヴィクトリア朝後期の「インド・セイロンの英帝国紅茶を飲もう」という推奨キャンペーンの影響も忘れてはならないであろう（図表1―3）。

事実、英国の一般「庶民階級」の暮らしが、ほかの欧州諸国に比べていささかマシとなったのが、空白の1840年代の後のこととされ、一般の庶民階級の「所得が2倍に増えたのは1870年代に入ってから」のことであった。この頃にはインド・セイロンからの「英帝国紅茶」の供給が増えて、後に「世界の紅茶王」となったトーマス・J・リプトン卿などの活躍により、かつては上流階級のサロンの飲料であった紅茶が大衆のものとなった。自国（植民地）産で安心できる紅茶が、安定的に供給され、品質も向上したうえに値段も以前よりはるかに安くなり、正確な秤量の上に衛生的に包装された結果、紅茶の消費量は急増し、紅茶は英国社会のすべての階層に愛される「国民飲料」の地位を確立した。

1890年代、セイロン島内を視察した様子を描いたもの。

図表1―3
トーマス・リプトン

(7) 英国の「喫茶用具」の発達

1662年、英国王妃ブランガンサのキャサリンの茶道具は、中国宜興窯の紫砂の小型急須と、親指大のサイズの景徳鎮窯のぐいのみ酒杯と、茶壺と推定される。

1689年には、英国王を兼務したオランダのオレンジ公・ウイリアム3世とメアリー女王は、デルフト焼の急須とカップを常用していたという。ただし、この年から英国は、中国福建省の廈門（アモイ）と直接の交易を始めたために、「中国趣味」（シノワズリー）の風潮が一気に高まり、上流階級家庭では「宜興窯の急須や景徳鎮窯の小型の酒杯や茶碗（ティーボウル）」を求め、召使たちに茶（緑茶）をいれさせる習慣が生まれた。

18世紀初め英国女王アンの時代には、彼女がウインザー城の応接間に「木製（猫足）のティーテーブルつきの茶の間」をつくらせてから〝宮廷の茶会〟が本格化した。彼女は「洋梨型のフォルム」の純銀製のティーポットや茶道具一式、洋家具・調度品などを創作させた。このデザイン様式（クイーンアンスタイル）は現代でも有名である。

また、1720年頃、宮廷での習慣としての「英国式の淹茶式の技術とマナー」が確立し、上流階級の人たちは一斉にこれを真似た。この頃、ロシアのサモワール（湯沸かし）風の大型の保温器「ティアーン」（アルコールランプで加熱）が考案され、ティーパーティなどでは多量に作った茶液やコーヒー液などを保温した。しかし、上流人たちのあいだでは、彼らのステイタスシンボルであった「銀製あるいは中国製の陶磁製のティーポットや茶碗」を使って「女主人が客前で茶をサービスすること」がエチケットと考えられるようになった。

18世紀も半ば頃から英国の工業化社会が進展し、スタッフォードシャーを中心として国産の窯業が盛んとなり、ハンドルのない小型の「ティーボウル」と「深めの受け皿」に手書きで絵つけがされ、まもなく「転写」の技術も開発されてデザインも豊富となり、各種の食器の大量生産時代に入った。ティーカップにハンドルがつけられたのもこの頃とされるが、クラシックなハンドルなしのティーボウルは19世紀に入ってからも一般に使用されていた。

上流家庭での「お茶会」はいよいよ盛んとなる。そして「ティーキャニスター」(ティーキャディー)と呼ばれる茶葉を入れて保存する容器が開発され、これが新しいステイタスシンボルとなった。これらの多くは、高価な茶葉と(当時貴重品の)砂糖を召使いなどにクスネられないようにカギがかかる仕掛けになっていて、材質には銀、スズ、珍しい南洋材、さらには陶磁製の茶壺や茶筒であったりした。そして、上流の喫茶の文化が「中産階級」のレベルにまで普及し、一般「庶民階級」の人たちも〝時には茶が飲める〟ようになっていった。

19世紀に入る頃には、英国オリジナルの「骨灰磁器」(ボーンチャイナ)が開発され、金属板に銀板を張った「シェフィールドプレート」と、後には「金・銀メッキ」などの技術が普及し、ティーポットやティーカップ・ソーサーなどのフォルムやデザイン、そしてサイズなどもいよいよ多種多様となり、所得の向上とともに需要も増大していった。

英国ヴィクトリア朝の前、ジョージ王朝時代にはまさに多様な茶道具が開発された。たとえば、英国人好みの銀または赤銅製のケトル(アルコールランプつきの湯沸かし)、ティーポットとコーヒーポット(客人にティーかコーヒーか選ばせる)、ティースプーン、ティーキャディー、ティースプーントレイ、シュガーボウル（フタのついた砂糖入れ）、ミルク／クリームジャグ（ミルクまたはクリームを入れる容器。後のミルクポット）、シュガートング（砂糖バサミ）、ティーキャディースプーン（茶葉の分量を計るスプーン）、ナイフ／フォーク、ストレーナースプーン（茶殻こし）などを揃えて所有することが一大関心事であった。

「社交のためのお茶会」こそ、もっとも優雅な習慣であったが、結局のところはお互いに〝ヒマをつぶしながらの見栄の張り合い〟を楽しんだものであった。やがて、銀製品のほかに陶磁器製のティーポット、ハンドルのついたティーとコーヒー用のカップとソーサー（受け皿）、シュガーベイズン（砂糖入れ）、ケーキプレート、サンドイッチプレート、スプーントレイ、ティーポットマット（下敷き布）やティーポットスタンドや、スロップボウル（湯こぼし容器）、テーブルクロス、ティーマット、ティーナプキン、ティータオル、卓上ベルなどが勢揃いし、「ティーサーヴィス」の領域がますます優雅美麗に広がっていった（図表1―4）。

このようにしてヴィクトリア時代には、ティーのマナーやエチケットなどの伝播・実践も含めて「英国風の複合紅茶文化」が

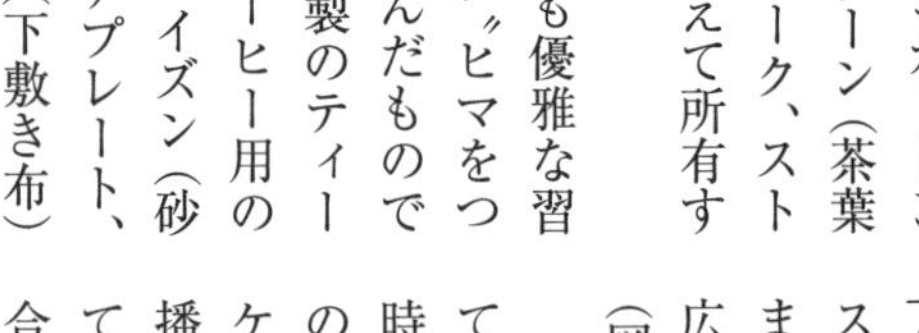

図表１－４　女性たちのティーパーティー

完成した。再び「銀の茶道具」が復活したが、細工がしやすく価格も安い合金のブリタニアメタル（EPBM）製、さらにニッケルシルバー（EPNS）製の茶道具も含めてであった。加えて、木工芸品のティーテーブル、陶磁器製茶道具の繁栄はもちろんのこと、木製や銀製のケーキスタンド（2、3段）、ティーコージィ（ポット保温用の綿入り帽子）、ホットウォータージャグ（熱湯だけを入れたポット）、レモンプレートなどが〝追加〟されていった。

やがて2度にわたる「世界大戦」を経て、戦中・戦後を通して女性の社会進出が盛んになり、多くの使用人を雇うことは、もはや至難のこととなった。生活のテンポが年々スピード化し、人々の受ける日常のストレスは厳しくなってきた。近年では、かつて英国人の誇りであった「家庭（家族）中心」的な思想や存在感も薄れ、同棲・離婚・別居や孤食・個食が流行となり、人々の〝嗜好やライフスタイルが多様化〟してきた。近代では伝統的な儀式にこだわらず、全体的にカジュアルで簡便型のライフスタイルに変わってきている。

しかし、客人の階級や間柄にもよるが「家庭で開く特別の日のお茶会」には、その家庭の「とっておきの茶道具や調度・備品」を用意して「心のこもったおもてなし」をする。とくに忙しいときや、準備万端に不都合が予想されたときには「ホテルでアフタヌーンティーをしましょう」と特定のホテルまたはレストランなどに案内をするようになってきている。

これもかなり以前から定番化していたが、「忙しいときの朝食」や、「勤務先や作業場での午前と午後のティーブレーク」（お茶休憩）のときなどは、準備や後片づけが簡単に済むように「マグ・オヴ・ティー」（マグカップに紅茶ティーバッグを投げ入れて熱湯を注ぎ、しばらく置いてから好みで砂糖・ミルクを加えて楽しむ方法）が、ほぼ全国共通となっている。

3　わが国紅茶の歴史と文化

(1) わが国紅茶文化こと始め

わが国は『緑茶生産大国』として、中国に次いで2番目の長い歴史と伝統をもつ。古来、わが国に存在していたと推定されるヤマチャの研究はさておいて、中国からわが国へ〝茶〟が伝えられたのはとても古く、仏教とともに紹介された「固形茶」が最初と思われる。固形茶は当時すでに仏前の〝供養物〟として、また、仏僧たちの座禅の修行中の〝眠気覚まし〟として重宝されていたという。西暦７２９年（奈良時代）には、聖武天皇が皇居の庭に多数の僧侶を集めて「般若経」を講じさせた翌日、中国伝来の茶を彼らに与えられたと記録されている。

また、西暦８００年代に、遣唐使であった最澄や空海らが、中国から茶の種子を持ち帰ったと伝えられている。しかし、わが国の文献（『日本後記』、『類聚国史』）によって確認できることは、西暦８１５年に滋賀県大津の梵釈寺の大僧都永忠（滞唐35年余）が、帰国した後に嵯峨天皇に茶を煎じて奉御したのが最初となる。その後、天皇の命を受けて、近畿地方で〝茶樹〟の栽培が本格的に行われ、毎年天皇に〝新茶〟を献上するという習わしができたという。

中国で宋の時代に開発された「抹茶の法」（茶

碗の中で茶筅（ちゃせん）を使って抹茶をたてる喫茶法）は、長江（揚子江）南部の禅寺に広まり、これから一種の「茶礼」が興ってきた。この頃に2度にわたって渡宋した臨済宗の「栄西（えいさい）禅師」こそが、宋の禅寺での儀式、茶の種子、茶の製造・加工法、さらには固形茶を用いた抹茶の法を持ち帰ったと伝えられる。また、彼は持ち帰った茶の種子を佐賀県背振山麓の霊仙寺の西ヶ谷と石上坊の前庭に蒔いた。その種子は石の間から発芽して全山に繁茂したという。

栄西ゆかりの背振山の茶の種子は、京都・栂尾（とがのお）の高山寺の明恵上人に贈られ、これらが今日の「宇治茶」の源流といわれている。他方、今日、日常茶飯となっている日本式の「蒸煎茶（むしせいちゃ）」は、１７３８年に山城国（宇治田原町）の永谷宗円（ながたにそうえん）によって開発されたものである。このように、わが国へは中国から最初は「固形茶を用いた喫茶法」、「茶筅を使って茶碗の中で泡をかき立てて飲む抹茶法」、そして最後に「葉茶を用いた煎茶法」が紹介されてきた。もちろん「紅茶」なんぞはなかったし、誰一人として「紅茶」を見たことも聞いたこともなかった。

ところが１７９１年頃に「日本人として初めて西欧風の本格的な紅茶（ミルクティー）を飲む機会に恵まれた人物」があった。その名は「大黒屋光太夫」（１７５１〜１８２８年）である。実に幸運な男といえる。伊勢の国の神昌丸の沖船頭であった光太夫は、一行17名で１７８２年12月、紀州藩の米・瓦ほかを満載して白子港から江戸に向けて出港した。しかし、途中、遠州灘で暴風雨に遭遇しロシア領になったばかりのアムチトカに漂着した。当時、日本とロシアの間には国交がなかったために帰国の許可は一向に得られず、多くの仲間を失いながら足掛け9年の歳月をかけてオホーツク、ヤクーツク、イルクーツクを経て「ペテルブルク」（現在のサンクト・ペテルブルク）に磯吉と2人で到着。1791年6月「女帝・エカテリーナ2世」に謁見の機会を与えられ、直々に〝帰国許可願い〟を手渡し、同年末にかけて帰国船の手配を待つ間に「お茶会」にも招かれた、と報告された。

この史実を基に、1983（昭和58）年に11月1日を「紅茶の日」と定められた。

このようにわが国は歴史的に〝緑茶大国〟であり、緑茶を主として北米市場向けに輸出していた。しかし、1874（明治7）年に政府は、とくにインド・アッサムを中心としてイギリスの紅茶産業が急速に発展しつつある事実と、アングロサクソン系諸国を中心として諸外国での茶の需要が「紅茶」主体となり、紅茶の国際市場が年々拡大し、輸出紅茶の平均価格水準も高く、経営採算上も〝有利である〟との判断で「紅茶生産と輸出によって外貨獲得の道を求めよう」と、内務省勧業寮農務課に製茶係を設置し「紅茶製法書」を編集した。

1875（明治8）年には中国・浙江省出身の製茶技術者2名を日本に招聘し、熊本県山鹿と大分県木浦に「紅茶伝習所」を設置し、近在の〝緑茶生産農家〟を集めて紅茶製造法を習得させようとした。しかし、中国からの製茶技術者は〝緑茶〟に通じても紅茶製造実務には詳しくなく成果があがらなかった。そこで、日本政府は勧業寮員である多田元吉を中国に派遣し、1876年には多田元吉ほか2名をインドに派遣し、イギリス式の紅茶製造技術を習得させせた。翌77年に帰国した多田らは、さっそく高知県で紅茶の試作に取り組んだ。

１８７８年、政府は「紅茶製造法伝習規則」を発布し、東京、静岡、福岡（星野）、宮崎（延岡）に紅茶伝習所を設置した。翌79年には静岡（二俣）、滋賀（石薬師）、宮崎（都城）に、80年には岐阜（関）、奈良、大分（木浦）、熊本（川尻）、鹿児島（東郷）などにも伝習所を設置し、紅茶製造になみなみならぬ意欲を示した。試作された国産の紅茶は、イギリス、アメリカ、オーストラリアなどに試験輸出されたが、品質が粗悪でいずれも失敗に終わった。

これらの結果を踏まえて種々の検討がなされた結果、緑茶には好適の「在来種の茶樹からでは良質の紅茶は期待できない」ことが判明した。そこで、１８９０（明治23）年、東京西ヶ原に農務省直営茶園を設置し、多田らがインドから持ち帰った茶の種子を活かして「紅茶用品種」の育成を始めた。この試験場は、１９１９（大正8）年になって静岡県金谷町に国立の茶業試験場として移転され、わが国の紅茶生産の研究は本格化することとなった。

『日本喫茶史料』によれば、緑茶王国のわが国に初めて「外国の紅茶」が到来したのは、１８５６年に下田に来港した米国の使者（T・ハリスと推定）が江戸幕府（13代徳川家定）に献上した手土産「紅茶30kg」（インド・アッサム紅茶と推定）であったという。１８７４（明治7）年5月27日付の地方紙には、わが国で初めて紅茶に関する広告が掲載され、紅茶が欧米で「ブラックティー」と呼ばれ、砂糖と牛乳を入れて飲まれると伝えた。そして１８８６年になって初めて「三重県産の国産紅茶」が東京・京橋の茶舗にお目見えしたと伝えられる。

(2) 外国紅茶輸入の始まり

欧米の文明・文化を吸収しようとの悲願から、1887(明治20)年に首都に外交舞台として『鹿鳴館』が完成した。この年、わが国へ「外国産のばら(ばら鳴)紅茶80キロ」の輸入通関実績が記録されている。しかし、その紅茶の産地やブレンド内容、品質、価格などの記録はない。外交関係の社交接待用と、外国人が利用するホテル、クラブ、レストランなどで使用されたものと思われるが、そのほかは詳細不明である。

その後「日清戦争」(1894~95年)、続いて「日露戦争」(1904~05年)にわが国が勝利して、意気ますます軒昂。外国製品や文化に対する興味・関心は高まることは少なかった。しかし、この間にあって、1902年に「日英(軍事)同盟」が結ばれ、英国から明治天皇に対して「ガーター勲章」(青リボン)が贈呈された。この同盟は1905年に改正され、日英両国間にはより友好的な関係が生まれた。これがきっかけとなり〝日英両国間の経済交流〟も促進され、英国製品がつぎつぎとわが国に紹介されることとなった(写真1―3)。

こうした状況下で「外国産銘柄紅茶リ

全世界に送り出されたベストセラー(1910年のもの)。

写真1－3　リプトン黄缶No. 1

プトン」の正式輸入が始まったのは1906年であった。ヴィクトリア女王ご逝去の後の英国はエドワード7世の時代で、世界大国としての英国の政治経済的影響力は絶大なものであった。19世期末までに独力で百万長者となった創始者のT・J・リプトン卿は、自らセイロン島にでかけ大規模茶園を買収して直接経営にのり出し、セイロン産の高級紅茶を英国内市場で安価で宣伝販売した。リプトン紅茶は、すでに英国紅茶市場でのトップブランドとしての地位にあった。そして、北米市場を皮切りに、オーストラリア、ニュージーランド、カナダなど英連邦諸国以外にも多くの主要茶消費国において大々的な宣伝販売を推進していた。このリプトン紅茶をロンドンから正規のルートで初めて輸入・卸売を始めたのが、「明治屋」であった。最初に輸入された商品は「リプトン紅茶・黄缶ナンバー・ワン」で、1907年に発売された。明治屋の広報誌の創刊号には『紅茶に親しむべき時は来れり。リプトン紅茶の時は来れり』などと大々的に広告が掲載された（図表1―5）。

しかし、いかにハイカラブーム到来とはいえ、緑茶大国のわが国では「紅茶に白砂糖、ミルク、ビスケット」といった貴重な嗜好品の消費習慣がまったく定着していない時代である。わが国の庶民階級にとっては当然、〃べらぼうに高価な船来貴重品〃であったため、需要は限定的で、主たるエン

明治屋「嗜好」より。

図表1－5　リプトン広告（明治40年初期）

ドユーザーとしては皇室関係者、外交官などエリート官僚、商社・銀行・運輸関係のハイカラ好みの有産階級、外遊・留学経験のあるインテリ階層などの供応・接待・贈答用としての範囲を出なかった。

(3) 国産紅茶の始まり

かねがね明治政府による勧業政策、つまり「緑茶大国にもチャンスはある。絹と紅茶の輸出を推進することによって外貨を獲得すべし」との号令は引き続き有効であり、わが国の紅茶産業の発展の夢は途絶えることはなかった。1878年には紅茶21tが生産され、そのうちの一部は好評価されたものの、多くは低級品として評価されなかった。

1886〜1903年間に合計70〜80tが生産されたが、安定的な増産への期待はもてなかった。その後、1917（大正6）年、わが国茶業界の重鎮であった大谷嘉兵衛と中村円一郎の両名を中心として、「国産紅茶製造の目的」で日本紅茶㈱が設立され、早速にも紅茶製造のための伝習に勤めた。1929（昭和4）年にはソ連（今のロシア）から製茶検査官・シェーニングを招聘し、彼からインド・セイロン式の紅茶製造法を学習し紅茶の生産・輸出の振興につとめたところ、1930年にはようやく〝光明〟が見出だされた。

紅茶生産は1937年の4635tをピークとして以後は減少を続けたものの、幸運にも1935（昭和10）年には2265tの輸出を達成することができた。これは、当時の世界的な紅茶供給過剰が数年間続き、茶相場が一気に下がり、主要3カ国（インド、セイロン、インドネシア）が協定を結んで生産・輸出を制限したことと、世界市場での紅茶需要が好転し始めたという幸運の結果であった。

他方、日清戦争後は日本の統治下にあった〝台湾〟でも、1903（明治36）年に日本政府により平鎮に茶樹栽培試験場が設置され、1923（大正12）年からは「紅茶」の生産研究が始められた。これに先がけて1898年に三井合名会社が、民間ベースで台北の後背地に大規模な茶園を開発し「台湾ウーロン茶」（半発酵茶）の生産を手がけたが、1924年からは「台湾紅茶」の生産に転換した。そして1927（昭和2）年には「国産銘柄包装紅茶」の第1号として「三井紅茶」が誕生し、1930年には「日東紅茶」と改名され、東京日本橋「三越百貨店」の店頭で販売されるようになった（図表1－6）。

1938（昭和13）年の外国産銘柄紅茶の輸入が禁止されるまでの間に、わが国で市販されていた銘柄紅茶としては、外国もので「リプトン」、「ブルック・ボンド」、国内ものでトップブランドの「日東」、「ニッポン」（後のヒノマル・セイロン）、「森永」（森永製菓）、「明治」（明治製菓）、「トリス」（寿屋・サントリー）などが有力であった。これらのほかには「雪印」（雪印乳業）、「ベル」（カネボウ）、「マダム」（野崎産業）、「キー」（木村コーヒー）、「三共」（三共製薬）、

図表1－6　三井紅茶と日東紅茶

「ミカド」（松下鈴木商店）、「フラワー」（明治屋）などがあった。第二次世界大戦以前の〝国産紅茶の最盛期〟には、国際茶協定の抜け穴から下級紅茶が不足した１９３７（昭和12）年に、輸出が６４４５ｔあった。しかし、残念ながら国内消費向けには８００ｔ程度の成果であった。

(4) 紅茶輸入割当時代

わが国の紅茶市場は、やがて暗く長い「戦時統制」の時代に入っていった。当然のこととしてわが国では、軍需用品と食料の確保が第一義であり、〝茶園はイモ畑に〟といった作付け転換も各地で進められ、当分の間はわが国の一般消費市場から「紅茶」が姿を消した。

第二次世界大戦の敗戦後、わが国は「台湾」の属領を失い、経済社会はどん底の状態が続き、どうにか生き残った国内銘柄包装各社は原料紅茶の入手難で開店休業の状態であった。やがて「在来品種」の紅茶に加えて、ようやく普及の段階に入った「品種紅茶」の確保ができるようになり、一方では米軍の軍需物資としての紅茶製品の放出や、ホテルや百貨店など在日外国人向けの「特別輸入外貨枠」（リプトン紅茶のみ）の範囲で紅茶事業が再開した。

(5) 国産品種紅茶の増産

第二次世界大戦の最中には一時中断させられたものの、わが国でおよそ30年間もの歳月をかけて研究されてきた「国産優良品種」（「べにほまれ」、「いんど」、「はつもみじ」、「べにたちわせ」などが創作された。幸運にもこれら優良品種の生葉を原料とした紅茶製品（一般に「品種紅茶」と称する）が1951（昭和26）年にロンドンの茶競売市場で〝インド・セイロン紅茶に勝るとも劣らない〟との評価を得た。その結果、政府は品質評価の高い「品種紅茶」の事業拡大と普及のために、1947年に原種農場を全国3カ所、すなわち静岡（金谷）、奈良、鹿児島（知覧）に設立した。加えて政府は紅茶関係府県に対して〝助成〟を行うことによって、紅茶原種茶園（品種紅茶園）の設置をさせることなど〝国産優良品種紅茶〟の増殖とさらなる普及に努めた（図表1―7）。

1954（昭和29）年には、霜害のため「ブラジル産のコーヒー価格」が暴騰し、アメリカ国内での〝コーヒー不買運動〟などから「紅茶ブーム」となり、輸出価格が3倍に跳ね上がり、国産品種紅茶の生産が7210t、輸出量5568tと急増した。しかも翌年にはさらに国産品種紅茶の生産が過去最高の8525t、輸出が5190tにまで増えた。まさに僥倖の成果とはいえ〝古き良き時代〟の象徴的な事例となった（図表1―8）。

「品種紅茶園」が1958年には732ヘクタール造成されたところから、1959年に政府は「茶業振興調査会」の答申により「品種紅茶園1万ヘクタールの造成を打ち出した。この結果「品種紅茶園」は鹿児島（総生産量の61％）、高知（7％）、大分、宮崎、徳島、静岡、愛媛、和歌山などに拡大され、近代化された製茶機械・設備も整っていった。

(6) 紅茶輸入自由化前夜

1949（昭和24）年に民間貿易が再開され、一般外貨による外国産紅茶の輸入が始まった。しかし、「輸入外貨割当制度」それ自体に問題が多く、輸入数量もごく限られていた。1955年2月を

特性の概要	育成場所	奨励品種採用県（昭和42年11月現在）
晩生種で樹姿中間、樹勢強、葉はだ円形で大きく、濃緑色。再生力大であるが、芽数が少ない欠点がある。紅茶として品質優良、とくに水色、味が濃厚である。	茶試	宮崎、鹿児島奈良、高知、長崎、静岡、愛知、三重、
中生種で樹姿開張、樹勢強く、葉はだ円形で大きく、濃緑色。耐寒性強で、収量多い。紅茶として品質優良である。	鹿児島県茶試	愛知、鹿児島
中生種で樹姿直立、樹勢きわめて強く、耐風性大で葉は長だ円形でとくに大きく、淡緑色。タンニン含量はなはだ多い。収量多く、紅茶として品質優良で、味が強い。	〃	高知、宮崎、鹿児島静岡、愛知、三重、
極早生種で樹姿直立、樹勢強、葉は長だ円形、極大で、淡緑色である。タンニン含量が多い。耐病性強く、再生力きわめて大。紅茶として品質優良で、温和な味とアッサム系香気を有する。	〃	鹿児島
中生種で樹姿中間、樹勢強く、葉はだ円形で大きく、濃緑色、タンニン含量が多い。耐病性が大で、収量が多い。紅茶として品質きわめて優良、水色鮮紅色で中国系の清香が高い。	〃	鹿児島
晩生種で樹姿直立、樹勢強く、耐寒性、耐病性ともに強、葉は長卵形で大きく、淡緑色で、タンニン含量が多い。収量が多く、紅茶としての品質優良、とくに香気は中国系の清香がきわめて高く、味も強い。	〃	宮崎、鹿児島
中生種で樹姿中間、樹勢強く、一般特性はべにほまれに似ているが芽数が多く収量が多い。紅茶として品質優良である。	茶試	静岡、三重
中生種で樹姿中間、樹勢強く、葉は大。紅茶としてアッサム系の優雅な芳香を持ち品質良好である。	鹿児島県茶試	鹿児島
樹勢中間型、株張り大、成葉だ円形、淡緑色。芽立ち良好、晩生種、耐寒性強、潮風害抵抗性強、樹勢強く、生育も旺盛、多収性でさし木の発根性も優れ、育苗容易、品質は「べにほまれ」と同等かやや優れ、とくに香気が優れている。	茶試（枕崎）	
中生種で耐寒性やや強く、炭そ病・輪斑病に強い。収量多く、紅茶はクリームダウンが顕著で清香。水色は深紅色で味は濃厚。半発酵茶品も良。	茶試（枕崎）	

図表1－7 国産品種紅茶(農林省登録品種)の特性と概要

登録番号	品種名	旧系統名	両親名(来歴)	育成年(登録)
茶農林1号	べにほまれ	国茶C8号	インド(カルカッタ)から導入したものの実生中から選抜したもの	昭和28年
12	いんど	鹿印雑2号	インド雑種の実生園から選抜したもの	28
13	はつもみじ	鹿アッサム交配1号	Ai 2×Nka05	28
14	べにたちわせ	〃 16	Ai 2×Nka01	28
15	あかね	鹿アッサム交配132号	Ai21×Nka03	28
21	べにかおり	鹿アッサム交配8号	Ai21×Nka03	29
22	べにふじ	X13号	べにほまれ×C19	35
25	さつまべに	AN113	Nka03×Ai18	35
28	べにひかり	茶支F1-ANC-1144	べにかおり×CN1	44
44	べにふうき		べにほまれ×Cd86	平5

資料：「日本の100年史」
注　：Ai：インド・アッサム地方の自生種を導入したもの。
　　　C ：中国から輸入したもの。

図表1－8　紅茶の需給状況

	年		国内生産量	輸入量	輸出量	国内消費量
輸入自由化前	1945	昭和20年	122	-	130	▲8
	1946	昭和21年	86	-	87	▲1
	1947	昭和22年	141	-	345	▲204
	1948	昭和23年	243	33	50	226
	1949	昭和24年	86	76	1	161
	1950	昭和25年	729	83	599	213
	1951	昭和26年	1,058	387	433	1,012
	1952	昭和27年	371	404	117	658
	1953	昭和28年	1,460	536	925	1,071
	1954	昭和29年	7,210	647	5,568	2,289
	1955	昭和30年	8,525	736	5,182	4,079
	1956	昭和31年	656	689	2,400	▲1,055
	1957	昭和32年	3,971	1,357	3,422	1,846
	1958	昭和33年	2,528	1,140	1,451	2,217
	1959	昭和34年	864	1,410	1,498	776
	1960	昭和35年	1,661	1,596	1,548	1,709
	1961	昭和36年	1,926	1,966	1,608	2,284
	1962	昭和37年	884	1,960	822	2,022
	1963	昭和38年	690	2,078	177	2,591
	1964	昭和39年	834	1,892	20	2,706
	1965	昭和40年	1,557	2,613	81	4,089
	1966	昭和41年	1,334	3,533	38	4,829
	1967	昭和42年	1,144	3,923	46	5,021
	1968	昭和43年	536	4,180	78	4,638
	1969	昭和44年	273	4,760	9	5,032
	1970	昭和45年	254	6,435	17	6,672
輸入自由化後	1971	昭和46年	23	7,511	11	7,523
	1972	昭和47年	16	7,167	7	7,176
	1973	昭和48年	4	8,406	3	8,407
	1974	昭和49年	4	8,921	1	8,924
	1975	昭和50年	3	7,494	2	7,495
	1980	昭和55年	5	7,599	3	7,601
	1985	昭和60年	1	8,086	5	8,582
	1990	平成２年	3	14,102	33	14,072
	1995	平成７年	(4)	17,834	22	17,816
	1996	平成８年	9	16,585	38	16,556
	1997	平成９年	(11)	19,783	81	19,713
	1998	平成10年	(9)	18,340	100	18,249
	1999	平成11年	12	13,807	72	13,747
	2000	平成12年	9	17,949	20	17,938
	2001	平成13年	9	15,181	18	15,172
	2002	平成14年	15	15,029	43	15,001
	2003	平成15年	25	15,500	85	15,440
	2004	平成16年	20	16,299	50	16,269
	2005	平成17年	16	15,445	49	15,412
	2006	平成18年	15	17,128	104	17,039
	2007	平成19年	33	16,603	144	16,492
	2008	平成20年	46	17,858	110	17,239
	2009	平成21年	81	17,399	26	17,399

資料：農林水産省「茶統計年表」（国内生産量）、財務省「通関統計」（輸出入量）
注　：1. 国内消費量＝国内生産量＋輸入量－輸出量。
　　　2.（　）は推計。2009年は速報値。

境としてロンドンの茶相場が下がり、同年の後半には国産紅茶の輸出はストップ状態となり、輸出と内販を兼ねる紅茶包装各社（パッカーズ）の経営採算上の苦労は大であった。しかし、国内の紅茶需要は着実に伸びつつあり、首位の「日東紅茶」そして「ヒノマル紅茶」が市場を二分する形で競い、品種紅茶の生産は拡大していった。

そこで、1959（昭和34）年、茶業振興調査会の答申を受けて15カ年計画として「品種紅茶園1万ヘクタールの造成、6000tの生産を達成。よって国内の紅茶自給自足と、輸出の再興を目的とする保護奨励政策」が実施に移された。農林省は茶業試験場・枕崎支場を新設し、紅茶の基礎的な研究機関を充実させた。

これとは別に、外国産紅茶輸入のための「輸入外貨割当制度」は幾度かの変遷を経て、1957（昭和32）年から「発注資格者（輸入商社）確認基準条件付きの需要者（国内紅茶包装各社）割当て」となった。しかし、国産品種紅茶の国際競争力（品質と価格）はインド・セイロン紅茶ほかと比べて格段に劣勢であり、1962年には早くも政府の掲げる当初計画の達成は不可能と判断され、「第1次5ヶ年計画の終了時点で品種紅茶園の造成を中止させ、2000ヘクタール、生産量500tの国産紅茶にリンク（連動）させることを前提に、紅茶の輸入外貨割当を行う制度」が実施された。つまり、原則は外国産紅茶を国産紅茶とブレンドして流通させる、という方式であった。

このように鹿児島、宮崎、大分、徳島、愛媛、高知、奈良、和歌山、三重、静岡などの「品種紅茶」の生産は、長年にわたり国家の補助政策によって推進されてきたが、戦後の日本経済の急速な復興と驚異的な成長とともに、増え続ける外貨保有高に対して発展途上国の多い紅茶生産諸国からの突き上げは強く、輸入関税の引き下げ、外貨割当枠の拡大を実施せざるを得ない状況となった。外国産紅茶の輸入〝準自由化〟の時代の到来であった。

ほぼ同時期にわが国〝嗜好飲料品市場〟において「ネスレ」、「GF」、「リプトン」など巨大な外国資本による「インスタント・コーヒー」の強大なマーケティングが始まった（国産対抗馬としては「森永」と「UCC」があった）。これに対抗するためにも、また、紅茶製品に付加価値をつけるためにも紅茶専業パッカーズの選ぶべき道はただ一つ、簡便で手軽に本物の色・味・香りが楽しめる「紅茶ティーバッグ」（第1号・リプトン・1961年）の生産と発売であった。

他方では〝外国産紅茶の輸入自由化〟以後のブランド間の競争を想定し、早々と外国資本との間で「輸入（総）代理店」、「業務・資本提携」、「商標使用権の確保」など、さまざまな形で契約を結ぶケースが急増した。その結果、とりわけ百貨店などの「ギフト市場」には外国ブランドがあふれることとなった。明治以来先行の「リプトン」のほかに、1961（昭和36）年の「ブルック・ボンド」（日本紅茶）、1965年頃からは「トワイニング」（片岡物産）など英国内外での有力銘柄紅茶のわが国の紅茶市場への参入が相次いだ。そのほかでは「メルローズ」、「R・ジャクソン」、「リッジウエイ」、「カードマ」、「ライオンズ」、「テトレー」などであった。これら以外にイギリス、フランス、ドイツなどの有名百貨店、食料品店などのブランドも数多く進出してきている。

(7) 紅茶輸入自由化以後

そうこうする間に、わが国での紅茶生産のコストの上昇は続き、外国為替相場の変動から円高の傾向となり、結果として外国産紅茶の実質コストがさらに下がっていった。一方では、国内の「緑茶」の相場価格が年々高騰したため、紅茶品種を利用して「緑茶」を生産した方が有利な状況ともなってきた。そしてついに、1971(昭和46)年6月に「外国産紅茶輸入の完全自由化」が実現した。これに先立ち、全日本紅茶振興会の3団体(国内生産者、輸入商社、パッカー)が覚書に調印して「自由化対策費」を徴収し、紅茶生産県に配分し、各県は補助金を加えて「紅茶転換対策費」に活用した。この対策のおかげで外国産紅茶輸入の自由化が混乱なく実施された。

外国産紅茶の輸入自由化が実現した年の「国産紅茶の生産量」は〝自家消費用の1~2t〟であった、と記憶されている。しかし、〝変革の21世紀〟に入って以来、多種多様で趣味的な葉茶、多様で楽しい紅茶ティーバッグを主柱に、簡便なインスタント・ティーミックス、その場で飲める即飲式の紅茶飲料(ペット/レトルト)などの人気。間違いなく「紅茶ブーム」(高級化、多様化、個性化)が続いている。

こうした状況下で、1996(平成8)年頃からみて現状はすっかり変わり、全国で60軒以上の製茶農家が、かつての「ベニホマレ」などの紅茶優良品種や、近年とくに推奨されている「ベニフウキ」、さらには伝統の「ヤブキタ」の夏茶を原料として、荒茶ベースで40t前後の紅茶を、自家消費用というよりも積極的に〝生産・販売〟をし始めている。無論、インドやスリランカなどの外国産紅茶との価格・品質レベル・安全性の比較は別問題として、世界中でおそらく〝飲料の水についでもっとも多く飲まれている紅茶〟、あるいは〝カメリアシネンシスから作られるお茶全体の世界が広がること〟への貢献は期待できるし、大いに歓迎すべきところであろう。

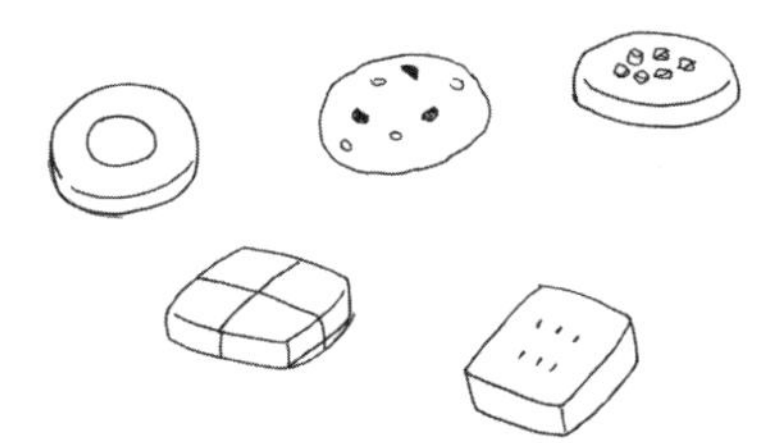

第2章 紅茶の定義と種類、特徴

1 定義

国際標準化機構（ＩＳＯ）の設定によると、ＩＳＯ３７２０では、「紅茶とは嗜好飲料に適するものとして一般に知られているカメリア・シネンシス〔学名・Camellia sinensis（Linnaeus）O.Kuntze〕に属する２つの変種にかぎり、それらの葉、芽（つぼみ）、および柔らかな茎を原料として、適切な加工工程、とりわけ（酸化）発酵や乾燥（最初の萎凋と最後の熱風乾燥）を経て製造されたもの」である。

ここで、紅茶の加工工程での「発酵」とは、生の茶葉（生葉）の中に含まれている天然の酸化酵素（ポリフェノール・オキシダーゼ）の活性によるものである。つまり、「発酵」といっても酵母菌などによる発酵とは別もので、実際的には酸化現象である。

また、定義中の「２つの変種」とは、1）酸化酵素の活性が強いタイプの熱帯茶「アッサム種」（喬木）と、2）温帯系の「中国種」（灌木）を指す。中国種はデリケートな香気があり耐寒性も優れるため、インドのダージリン・ニルギリ、スリランカのヌワラエリヤ・ウバ・ディンブラなどの冷涼な高地丘陵地帯に「紅茶用品種」として品種改良（交配）された茶樹が栽培されている。

⑴ 茶樹

先に述べたように茶樹は、学名「カメリア・シネンシス」(Camellia Sinensis (Linnaeus) O.Kuntze)と呼ばれる、椿(つばき)や山茶花(さざんか)の仲間で、ツバキ属ツバキ科の永年性の常緑樹のことをいう。

飲用などに用いる「チャ」は、この「カメリア・シネンシス」の新芽や若葉および柔らかい茎などを主な原材料としたもので、世界的な飲料の一つである。つまり、この茶樹の「生葉(なまは)」を利用して、緑茶、紅茶、ウーロン茶などを目的に合わせて自由に造ることができる。

したがって、この世の中に「紅茶の木」というものが、特別に存在するわけではない。ただし、紅茶や緑茶、ウーロン茶などそれぞれに向く品種というものがあり、それぞれの目的に合った品種の茶樹から、それぞれ別々の茶が生産されている。

チャの原産地は、中国西南部の雲南省あたりを中心として、チベット山脈の高地と中国東南部の山地の一帯であろうとされている。

(2) 茶の語源と呼び名

世界各国の茶の呼び名の語源についてみると、その呼び名は中国から出発し、中国の廈門(アモイ)系のTeと広東(カントン)系のChaの2つになっており、それは「テー」と「チャ」のいずれかである(図表2―1)。これらは中国からほかの地域への伝播ルートの違いによるもので、陸路か海路かによって2つに分けられる。「陸のティーロード」と呼ばれる陸路では広東語系の「チャ、ツァ、シャ」などの発音の呼び名が伝播し、チベット、蒙古、ロシア、朝鮮、日本、中央アジアから北アフリカなどへ伝わった。

一方、「海のティーロード」と呼ばれる海路では、福建省の廈門(閩南(ビンナン)地方といわれる方言)から「テ、テー、テイー」などの発音によるよび名

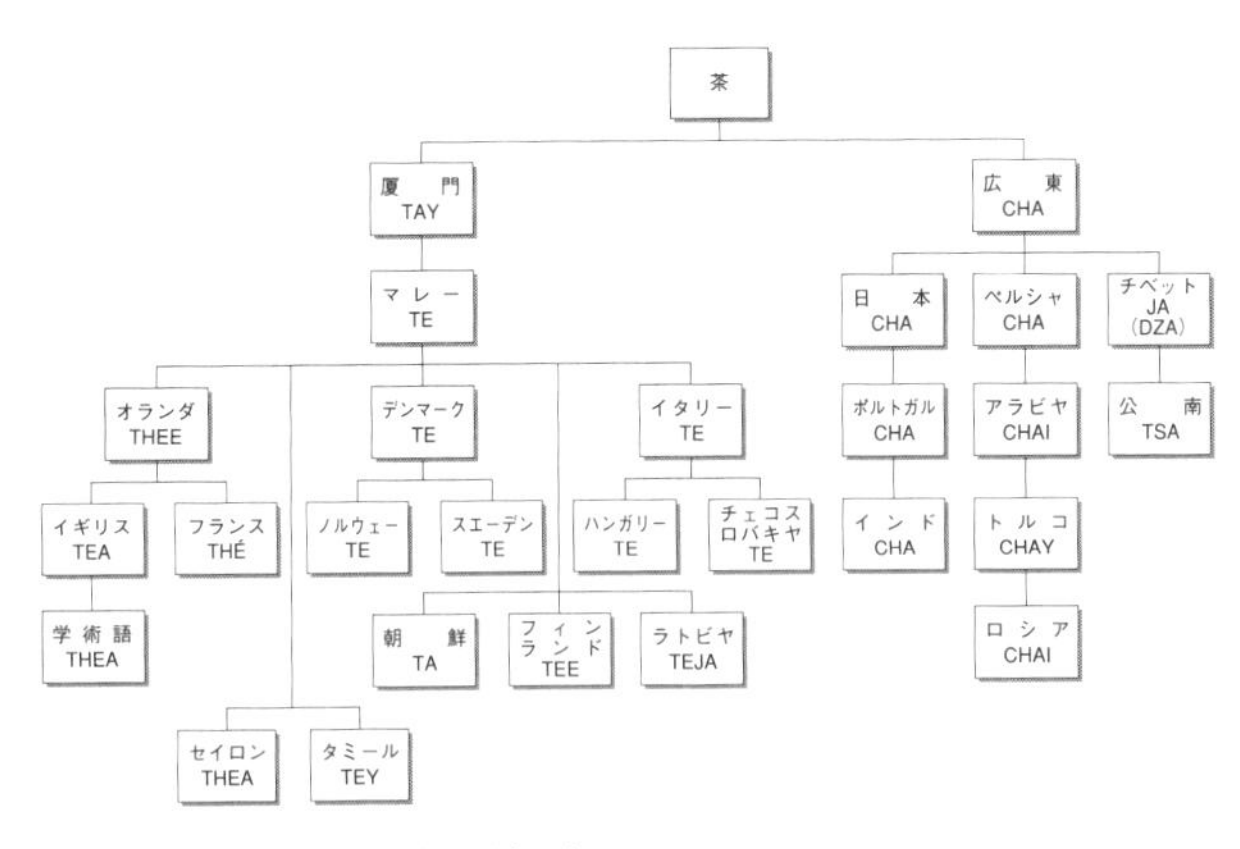

資料：橋本　実、周達生の研究より

図表２－１　茶のよび名

で伝播し、オランダ人が海路でヨーロッパ各国に伝え、さらにイギリスの東インド会社を通じて全世界に広まった。ヨーロッパ各国のうち、海路による伝播元であるポルトガルだけはもっとも居留期間が長かったために、広東省マカオの言葉を使用して「チャ」と呼んでいる。

2 原産地と品種

茶樹の栽培地域は、これら中国西南地域から順次、熱帯・亜熱帯地域に拡がり、熱帯の雨量の多い森林地帯や、サバンナ（草原地帯）、そして夏期に定期的な豪雨の降る地域にも栽培されるようになった。良質の紅茶生産地域は（ダージリンを例外として）、赤道と北回帰線との中間にあたる通称「ティーベルト」地帯の山岳地に多い。現在では、茶の生産地域は、北は旧ソ連（ＣＩＳ独立国家共同体）のグルジア共和国から、南は南極近くのアルゼンチンのミシオネス州あたりまで拡がっている。

茶樹の品種は、大別して「アッサム系」（熱帯茶）と「中国系」（温帯茶）の2系統に分けられる。また、学者によっては、大葉種（アッサム種）と小葉種（中国種）、この中間の大きさの葉をもった中葉種（中国系アッサム種）の3種に分類している。

これら代表的な品種の特徴は次の通りである。

⑴ アッサム系品種

高温多湿の土地によく成育し、インド、スリランカ、インドネシア、アフリカなどで主として栽培され、タンニンの含有量が多く、香りも強く、水色や味も濃厚で、紅茶向きの品種である。

⑵ 中国系品種

耐寒性が強く、中国、日本、台湾などの緑茶生産地帯や、寒冷なスリランカの高地、インドのダージリンなどで紅茶用として栽培されている。一般にタンニン含有量が少なく、水色と味はアッサム系に比して弱いが、デリケートな香気が特徴である。また、緑茶向きの品種でもある。

しかし、多くの紅茶生産国では、これら2つの系統の特性をそれぞれ生かした交配による品質の改良を常に行っており、この改良品種による人工増殖が現在では一般的となっている。

3 製法による分類

茶は、茶樹の新芽や若葉を主な原料として製造・加工されたアルカロイド系の飲料であるが、製造方法のいかんによって、すなわち、茶葉中に含まれる酸化酵素の働きによる発酵の有無とその程度によって「発酵茶（紅茶）」、「半発酵茶（ウーロン茶、包種茶）」、「不発酵茶（緑茶）」の3つに大別されている。

これをさらに製造方法、仕上げ、加工面から茶の種類を分類すると図表2—2の通りとなる。このほか茶の分類については、飲用、食用別に用途別分類することもある。

4　紅茶製品の種類

(1)　紅茶製品の区分

わが国の市場で販売されている紅茶製品は次のように大きく分けられる。

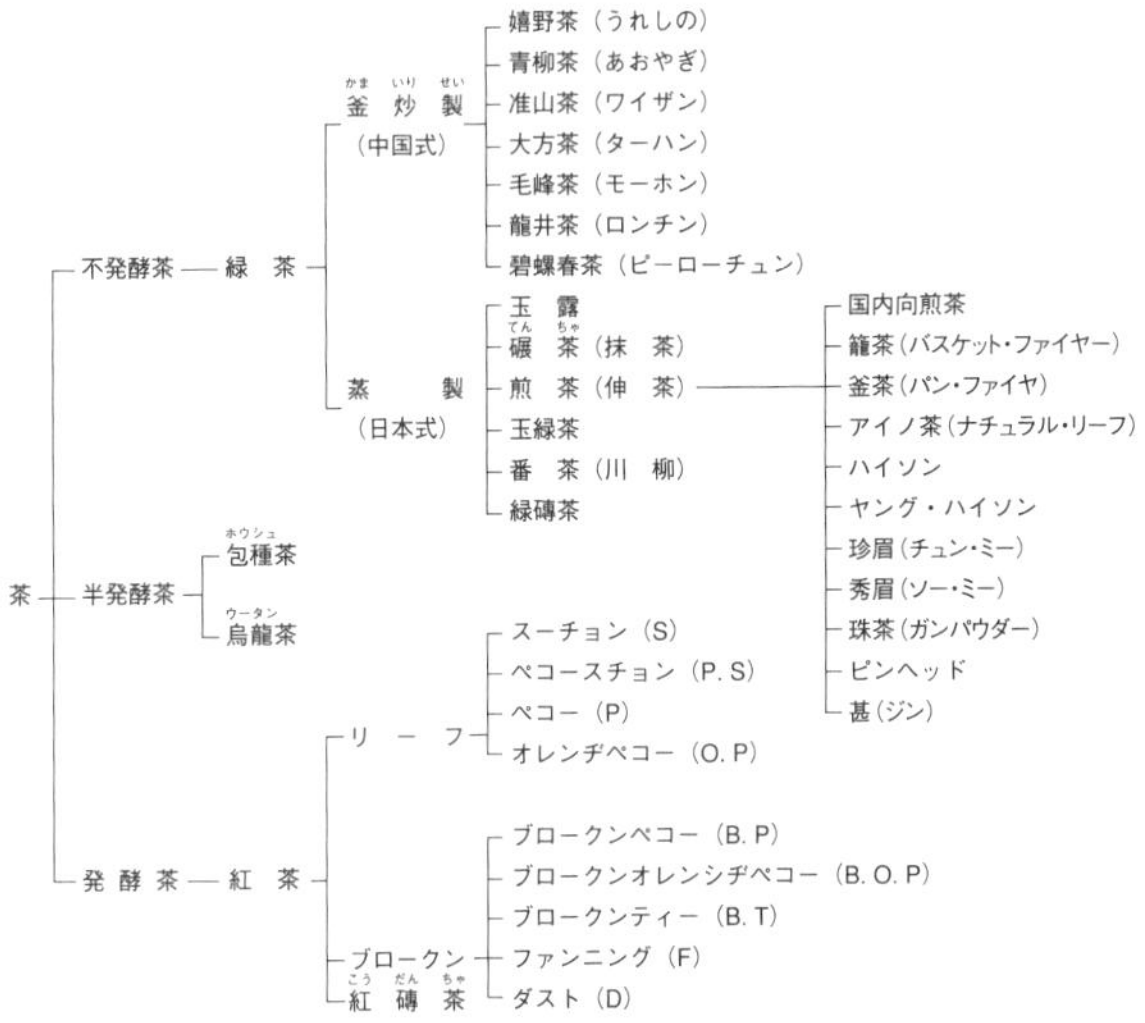

- 茶
  - 不発酵茶 — 緑茶
    - 釜炒製（中国式）
      - 嬉野茶（うれしの）
      - 青柳茶（あおやぎ）
      - 准山茶（ワイザン）
      - 大方茶（ターハン）
      - 毛峰茶（モーホン）
      - 龍井茶（ロンチン）
      - 碧螺春茶（ピーローチュン）
    - 蒸製（日本式）
      - 玉露
      - 碾茶（抹茶）
      - 煎茶（伸茶）
        - 国内向煎茶
        - 籠茶（バスケット・ファイヤー）
        - 釜茶（パン・ファイヤ）
        - アイノ茶（ナチュラル・リーフ）
        - ハイソン
        - ヤング・ハイソン
        - 珍眉（チュン・ミー）
        - 秀眉（ソー・ミー）
        - 珠茶（ガンパウダー）
        - ピンヘッド
        - 甚（ジン）
      - 玉緑茶
      - 番茶（川柳）
      - 緑磚茶
  - 半発酵茶
    - 包種茶
    - 烏龍茶
  - 発酵茶 — 紅茶
    - リーフ
      - スーチョン（S）
      - ペコースチョン（P. S）
      - ペコー（P）
      - オレンヂペコー（O. P）
    - ブロークン
      - ブロークンペコー（B. P）
      - ブロークンオレンジヂペコー（B. O. P）
      - ブロークンティー（B. T）
      - ファンニング（F）
      - ダスト（D）
    - 紅磚茶

資料：松下　智作図より

図表2－2　茶の種類

① **オリジン・ティー**

生産国名、生産地名、茶園名などで区別したもので、原則的にそれ以外のものをブレンドしていないもの。いわば「産直茶」など固有の特徴を売りにするもの。

② **ブレンド・ティー**

各国・各産地の紅茶をブレンドしたもので、メーカーのブレンド技術や独自の特徴を売りにするもの。

③ **フレーバード・ティー**

「着香茶」。消費地で喫茶用の水質が悪いためや、特徴の認めがたい中庸の品質である茶葉を活用するため、また、初心者などによる紅茶の楽しみを膨らませるために、多くは乾燥した紅茶の茶葉の上から花や果実などの「香料や精油分など」を人工的に吹きつけて加工したもの。たとえば、アールグレイティーやパッションフルーツ・ティーなどがこれに含まれる。

(2) 加工方法と包装形態の区分

加工方法による区分としては、次の通りである。

① **ルーズ・ティー**

茶葉のサイズや形状にかかわらず、大型の茶葉・リーフティーや小型のブロークンズも含めて、とくに加工していないものをいう。缶入り、アルミ・パック、防湿ポリ・セロパック、ガラス・びん入り、木箱入り、陶磁器容器入りなどがある。

② **ティーバッグ**

とくに加工はせずに主として小型の茶葉を袋に詰めたもの。紙袋入り（紙製の外装袋入り）、アルミ袋入り（防湿加工したアルミ製の外装袋入り）、ナイロンシャー／ガーゼ袋入りなどがある。

世界各国のティーバッグ飲用率（推定）は、イギリス、フランス、ドイツで85～90％といわれるが、ケータリング部門ではさらに高く90％以上である。アメリカは65～70％で、これはインスタントティーおよびミックスが全体の20％と根強い需要があるためである。ロシアは中国から伝わった独特の茶文化をもっているが、近年、ティーバッグ比率は高まりつつある。中東は50％くらいと想定されるが、市場はティーバッグ消費へシフトしている。日本では、一般家庭用の消費に占めるティーバッグの割合は75％前後である。

③ インスタント・ティー

主に原料茶葉の水溶性成分を濃縮乾燥して、そのまま水またはお湯に溶かして飲める状態にした粉末。技術的には、「熱風乾燥」と「冷凍乾燥」との違いがある。近年、カテキンの使用を目的として生葉から製造されるものも普及・拡大している。

④ インスタント（ティー）ミックス

原料茶から粉末状のインスタントティーを造るか、あるいはインスタントティー（ピュア）をベースとして、砂糖・ブドウ糖などの甘味料を吹きつけて、レモン香料そのほかを添加したもの。缶入り、分包（袋入り）カートン入り、分包（袋入り）カップ入りなどがある。

⑤ 清涼紅茶飲料（RTD・ティー）

原料茶を加工して濃縮紅茶エキスを抽出、これに香料、ミルク、甘味料そのほかを加えて希釈、もしくはストレートの状態でレトルト処理をしたもの。缶入り、ガラス・びん入り、PETボトル入り、テトラ（紙）パック、合成樹脂パックなどがある。

RTD（Ready to Drink）とは、原則的には、原料茶葉より抽出・加工された「そのまますぐに飲める状態にある飲料」のことであり、戸外はもちろん、家庭でも紅茶飲料として広く普及することになった。それまでは、リーフティーやティーバッグ、あるいはインスタントティーとして飲用されてきたが、１９７３（昭和48）年に初めて缶入りの紅茶飲料が登場した。当時はレモンティー、ミルクティーが中心であったが、１９８４年頃から大手飲料メーカーが参入して容器包装も多様化し、加糖タイプ・無糖タイプのストレートティー、フルーツなどのフレーバーを添加したタイプが発売されるようになり、現在にいたっている。

製造工程での抽出設備には主として、「バスケット式抽出器」、「ニーダー抽出器」、「ドリップ式抽出器」がある。原料となる茶葉は、産地により色、味、香りに違いがある。製造の際には、商品開発時に決定された紅茶抽出液の品質特性を、実際の製造工場の抽出設備で安定的に再現することが重要である。

紅茶の製造方法には現在、「オーソドックス製法」と「アンオーソドックス製法」がある（図表3－1）。その昔は原始的な中国式手造り製法であったが、1800年代後半から機械化され、さらに改良されて現在のような「オーソドックス製法」が主流になった。しかし、20世紀に入って、ブロークンスタイルの小型の茶が世界の主流商品となるにつれて「セミオーソドックス製法（ローターベインを併用）」、「アンオーソドックス製法（CTC）」などが生まれた。さらに、世界的なティーバッグの普及により、アンオーソドックス製法（CTC）も一段と改良され、近年では自動化されたCTCが主流になってきている（図表3

図表3－1　インド・セイロンの等級区分

<オーソドックス>

ダージリン：	全リーフ・スタイル	(TGFOP-1, TGFOP, GFOP)
	ブロークン・スタイル	(GBOP, FBOP, BOP-1)
	ファニングズ	(BOPF)
	ダスト	(OD)
アッサム：	全リーフ・スタイル	(TGFOP, GFOP, FOP)
	ブロークン・スタイル	(GBOP, FBOP, BOP-1)
	ファニングズ	(FBOPF)
	ダスト	(OPD, OD)
セイロン：	全リーフ・スタイル	(FOP, OP, FP, P)
	ブロークン・スタイル	(FBOP, BOP, BOP-1, BOP-2, BP, BM, BT)
	ファニングズ	(FBOPF, BOPF, BPF, PF, FGS, BMF, BTF)
	ダスト	(D, D-1, D-2)
	（注）BM=Broken Mix　BT=Broken Tea　FGS=Fannings	
その他「等外品」（off－grade）なども取引されている。		

<アン・オーソドックス>

CTC：	ブロークン・スタイル	(BPS, BOP, BP, BP-1)
	ファニングズ	(OF, PF, PF-1)
	ダスト	(PD, CD, D-1, CD-1)　C=Clonal

注　：インド・セイロン（スリランカ）の等級区分で、国、産地によって表示が異なっている。

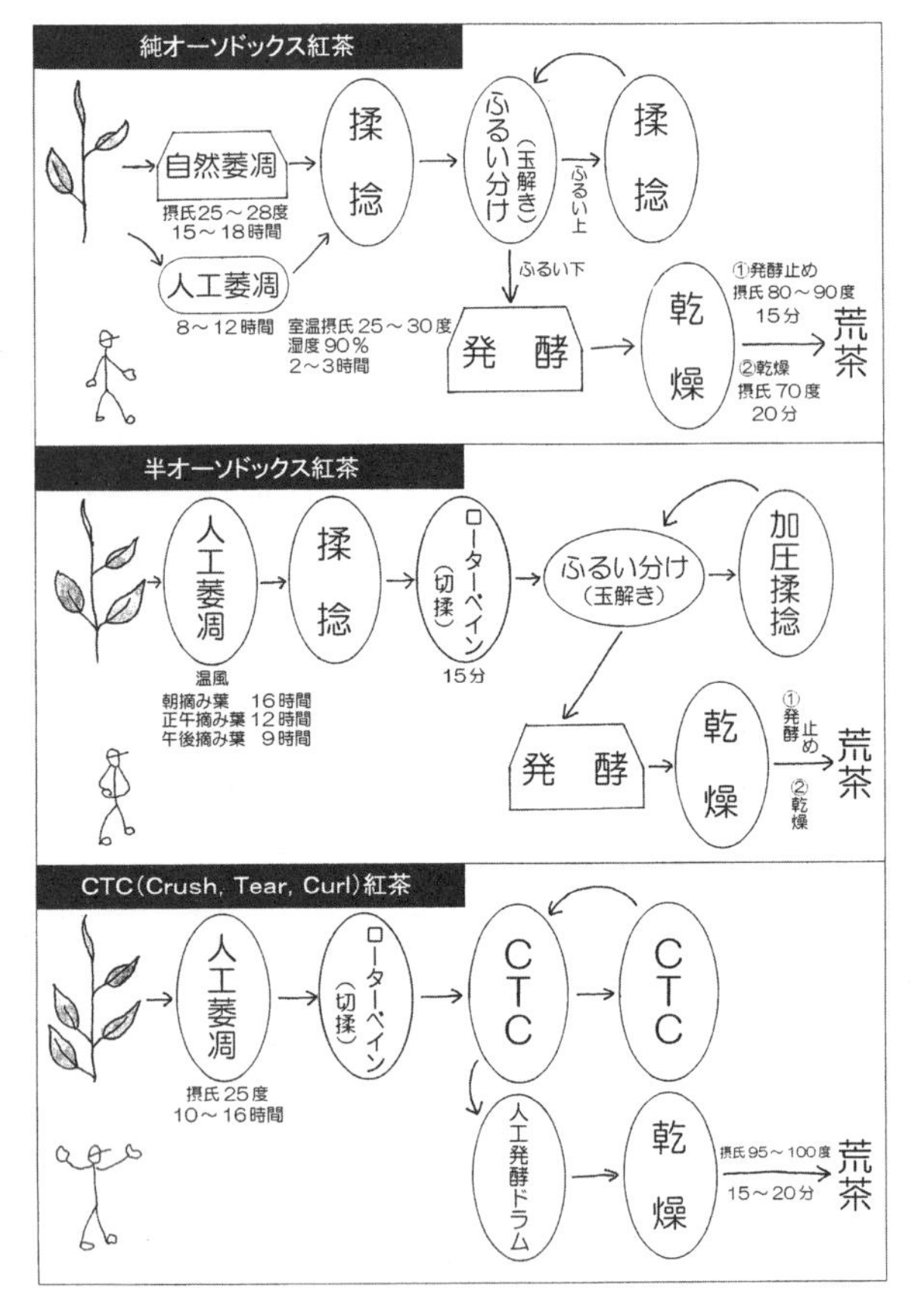

資料：山西　貞「お茶の科学」（裳華房）

図表3－2　紅茶の代表的製造工程

―2)。現在では、世界の総茶生産量の60%強がCTCである。

紅茶の製法のポイントは、最後の熱風乾燥を除き、茶葉を加熱することなく、茶葉の中の酸化酵素の働きを活用して、主にタンニン(ポリフェノール)を酸化させて造る。

紅茶製品の品質の善し悪しは製造技術にもよるが、水色、渋味および香気はタンニンと密接な関係があるので、この観点ではタンニンの含有量が多く、酸化品種の活性が強いタイプの品種を選ぶ必要がある。したがって、「熱帯の強い直射日光を受けたタンニン含有量の多い、葉のサイズが大きくて分厚く柔らかい熱帯種のアッサム系品種」のものが香りも強く、味も濃厚で、紅茶の製造に適している。

しかし、鮮度も含めて原料生葉の善し悪しによって、その製品は大いに異なるので、管理の行き届いた良い茶園の良い生葉を最適期に摘採し、すばやく製造・加工することが望ましい。

1 茶樹の栽培と茶園経営

(1) 茶樹の栽培条件

茶樹は比較的地域適応性が高い植物といわれるが、その栽培の条件としては、気候と地質があげられる。気候は、熱帯および亜熱帯に属する「高温」と「多湿」、それに季節的な多雨をともなう「モンスーン的気候」が必要条件となる。日々の雨量や、年間を通じての豊富な雨量(年間降雨量1500~2000㎜)と、一定の気温が必要であり、乾燥した強い風や、低温の凍るような気候は禁物である。

地質は、一般的に酸性土壌で軽く砂の多いローム土壌が適しているとされる。この土壌によって平均した味と芳香が生まれる。また、排水さえ良ければ腐植土の多い粘土層でも良いともいわれるが、この場合は甘味があるが芳香に欠け、粘土層は強い芳香を醸成するが、フレーバーが弱い場合があるという。山の斜面などで日照や排水が良好なことは当然、必要である。

(2) 良品質茶の製造条件

「最良の茶は茶園で決まる」といわれる。とくに、「原料の生葉の化学成分」(品種、標高立地、土壌、気象、当日の天候、生葉の熟度、摘採条件)と、「製茶工程中の条件」(萎凋条件、発酵条件、加熱条件)によって品質が決まるとされる(山西貞『茶の科学』)。良品質茶の生産される茶園は、インドやスリランカなどの熱帯、または亜熱帯の山岳地に多く、霧が発生しやすい気象条件を備えた山の斜面(スロープ)や谷間に展開し、挿木法(VP)により改良された品種の茶樹で、定期的(計画的)に改植が進められている。このような立地は、平均した日照と、良好な排水の条件も備えている。

銘茶の産地として世界的に名高い、北インドのダージリン地区、南インドのニルギリ地区、スリランカのウバ地区やヌワラエリヤ地区などの「高地茶園」は、標高約1200~2000m前後で年間の平均気温が15℃前後、平均降雨量もおよそ2500㎜である。

このような高地では、昼間と夜の気温差が大きく、湿度も高いため、霧が発生しやすい条件が備わっている。これは、茶樹の成育をゆっくりさせるため、単位面積当たりの収穫量は少なくなる。

しかし、成育の遅い茶樹の芽や葉には、含有水分が少なく、香気成分などを含む可溶成分がきわめて多い。これらの高地茶園では、中国種と、それをベースにした交配種が多く栽培されている。

他方、ケニアは平均的な標高約2000mの高地茶園でありながら、インド・セイロンに比べて季節的特徴をもった最良の茶が生産されているとはいえない。その理由としては、量産型のCTC茶がほぼ100%であることや、世襲による熟練技術の不足、ヴィクトリア湖周辺の気候が茶のみならず植物全般の成長のために良すぎて、自然の乾燥期間がない（新芽の発育をある程度までで止める乾季がない）ことなどが考えられる。また、初期に栽培された中国系の茶樹もありながら、収量の多いアッサム種主体の生葉を原料として、量産に特別のウエートをおいている傾向がある。

(3) 茶樹の栽培と増殖方法（苗床・茶園作り）

茶樹の栽培は「単作農業（モノカルチャー）」であり、永年性の植物であるため毎年同じ土壌で繰り返し生育を続ける。茶樹の増殖法としては、主として「播種法（ばんしゅ）」と「挿木法（さしき）」がある。

① 播種法（実生）

初期の紅茶生産地ではこの方法を採用していた。茶の種子を直接茶園に蒔いて育成させるか、親樹から取った種子を苗床に蒔いて育成させ、数カ月後若木になったものを茶園に移植する方法である。

このような若木は3～4年たつとそろそろ摘採可能となり、8～9年で成樹となった。

しかし、茶の種子の性質によって品質にばらつきが出るため、完全な方法とはいえなかった。

この播種法による初期の古い茶園がインドやスリランカなどにはいまだに多く残っており、製品の品質や収量にも影響を与えているとの指摘もある。

② 挿木法（栄養繁殖）

この方法は19世紀の後半に普及し始め、近年では主流になっている。人工的に品種を交配することにより、品種改良された優良な母樹から、若い葉のついた小枝を切り、苗床に挿して育成させる。

この方法は「クローン栽培」（優良品種を作るための栄養繁殖）とも呼ばれ、優秀な茶樹を増やし、品質の安定化が可能になった。

(4) 茶葉の摘採

茶樹は茶園に移植した後、放置しておくと成長し過ぎてしまうため、茶摘みの作業がしやすいように定期的に「剪定」や「深刈り」をして、70〜90㎝の高さに切り揃える。また、20〜30年ごとに樹勢を回復（若返り）させ生産力を高めるために、「台刈り」という作業を行う。

① 摘採方法

茶葉の摘採は、「一芯二葉」といって、新しく出た芽とその下の若い葉2枚までを手で摘みとるのが原則である（3 オーソドックス製法参照）。紅茶生産国は山岳地帯も多く、人口の割に就業機会が少ないといった理由もあり低賃金なため、もっぱら手摘みである。日本では労賃との関係で、高級茶は手摘み、中・下級茶は、はさみ摘みや機械摘み（小型動力摘採機、ロシアのトラクター式大型摘採機など）が行われている。手摘みは、1日1人当たり平均10〜15kg（ベストシーズン20〜40kg）、はさみ摘みは10倍の100〜150kg、動力摘採機はさらに3倍の300〜450kgである。

② 摘採（収穫）時期

摘採は生産国、地域によって差があるが、年間最低で3回、国と地域によっては何十回も摘採が可能で、アフリカやインドネシアのように、年中通して「回り摘み」のできる国々もある。一方、北インドのように茶樹の冬眠期のある地域では、初春とモンスーンの前と秋に限定されるところもある。

日本では1番茶、2番茶、3番茶、さらに4番茶と生産時期は区分され、台湾では春茶、夏茶、秋茶に区分されているが、紅茶の生産は2番茶時期がタンニン含有量ももっとも多く良いとされている。

(5) 茶園の経営状態

紅茶を製造するには、茶園で摘み採った茶の生葉をすぐに製茶工場に運び、製茶作業に取りかからなくてはならないので、茶園と製茶加工工場の立地は密接なつながりをもっている。そして、安価で良質の労働力が年間を通じて確保できること、地質のよい広大な土地が、安価で手に入ることが茶園を経営するための必要条件となる。このようなことから、紅茶の主な生産地がとくにアジア、アフリカの旧植民地諸国に多いことが理解できるであろう。茶園経営の形態としては大別して「小農経営」と「大農経営」がある。

① 伝統的小農経営（スモールホールディングズ）

歴史と伝統を受け継ぎ、主に緑茶を生産している中国、日本、台湾などの多くは、家族、または部落・村単位で小規模に行っている。この小規模な茶園経営の形態を、小農経営と呼んでいる。

近年では紅茶生産国のケニアをはじめとするアフリカ諸国や、インドネシア、さらにスリランカや南インドなどでも国家の政策として小農経営が促進されている。

② 近代的大農経営・大規模農法（プランテーション）

19世紀の前半から始まった、イギリス・オランダの旧植民地での紅茶生産の方式。茶樹の栽培のみの単一栽培（モノカルチャー）をベースとする、ティープランテーションの方式を採っている形態で、大農経営（大規模農法）と呼ぶ。

スリランカでは、かつてのコーヒープランテーション最盛期の呼び名のままに、一般に、200エーカー（約24万坪）以下の茶園を「ティーガーデン」と呼び、200エーカー以上の大規模農園を「ティーエステート」と呼んでいる。また、複数のエステートを統合し経営しているものをグループ（オブエステート）と呼んでいる。

これとは対照的に、インドではティーガーデンと呼んでいたが、近年ではティーエステートと呼ぶ茶園が多くなってきているようだ。

産業としての規模は、500～800エーカーが理想である。

2　機械化と揉捻機の種類

前述の通り発酵茶の製造の発祥は中国で、16世紀から「ウーロン茶」、18世紀末清の時代後半からの「工夫（コングー）紅茶」が基礎となっている。これらは、古典的な手造り紅茶で、手指やひじ、そして両足などを使って揉んだりプレスしたり、また、薪を焚いて乾燥させたりしたものであった。

19世紀中頃、この製法をイギリス人が旧植民地インドのアッサム地方に中国人製茶技術者を招いて伝習し、しだいに改良を加えながら機械化していった。それを「オーソドックス製法」（伝統的）と呼んでいる。20世紀の初め頃には、さらに機械化が進み、インド・アッサム地方のほかの地方やセイロン島、インドネシアなどにも紹介されていった。このようにして、能率的で衛生的で、安価で安定した品質の紅茶が誕生していったのである。

紅茶の製造法の機械化が進むにつれて、茶葉の形状・外観に対する消費者の好みも変化し、この影響は揉捻機の設計にも反映されていった。

(1) リーフスタイル・ローラー

できあがりの茶葉の形状や外観を重視する中国式（形完備）の工夫紅茶の製造に適している。

(2) ブロークンスタイル・ローラー

カップ水色や香味を重視するイギリス式（分級）紅茶の製造法に適している。茶葉を揉みながらカットして小型化する（図表3―3）。消費者の生活のテンポが速くなるにつれて、ブロークンスタイルの紅茶が世界的に主流となっていった。この背景には、嗜好の変化とともに、遠隔地への海上輸送の効率化があげられる。

20世紀のブロークンスタイルの茶葉全盛期に、一般の紅茶に対する期待は「もっと濃厚な紅茶がもっと早くいれられるように」となっていった。また、ティーバッグの普及も拡大し、このような需要に応えるためにより効率的で特殊な機械が開発された。

(3) ローターベイン機

肉引き用のミンチ機械を応用した茶葉切断カッター。この機械を利用した製法を、一般には「ローターベインオーソドックス」または、「セミオーソドックス製法（半伝統的）と呼んでいる。

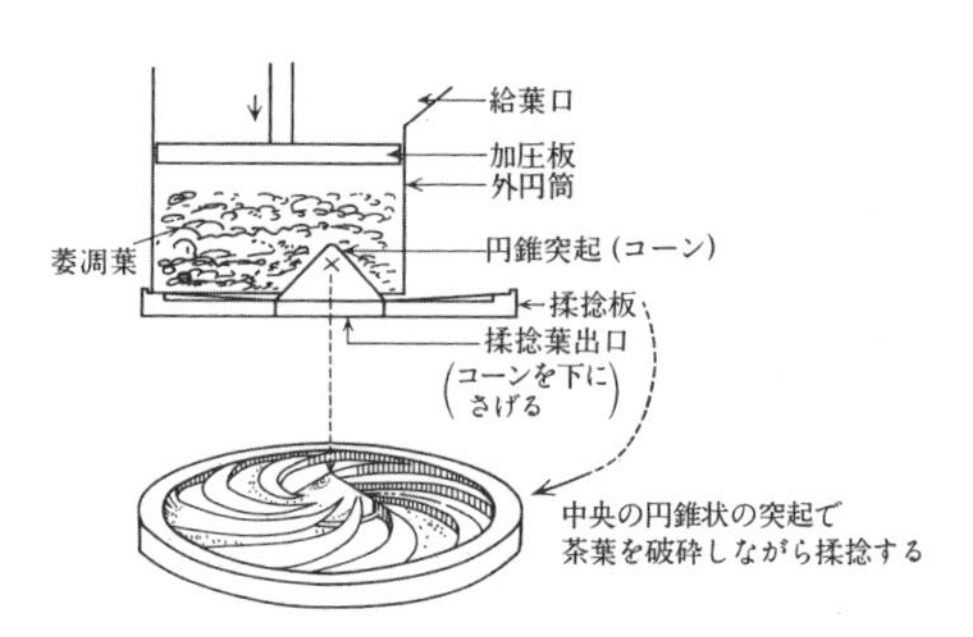

図表３－３　ブロークンスタイルの揉捻機

(4) CTC機

茶葉を切断しながら同時に成形もする特殊設計の機械。ティーバッグ用茶葉に使用される。「アンオーソドックス製法」（非伝統的）または「CTC（Crash・Tear・Curl）製法」と呼んでいる。

3　オーソドックス製法

(1) 摘採茶摘み

紅茶を製造するためには、原料となる茶の樹の生葉を大量に確保することが大前提である。インド、スリランカ、ケニアなどの主な生産国では基本的にすべて手摘みが行われている。生葉を摘み採るときの望ましい原則として「一芯二葉摘み」、つまり、「新しく生え出てまだ開ききっていない芯芽とそのすぐ下の2枚の若葉を選ぶこと」と、「余分な茎を混入させないこと」である（図表3−4）。とくに良品質の茶の生産時期には、できるかぎり若く、柔らかい生葉のみを選び、芽吹き（Shoot）の1本ごとに手摘みすることが、徹底して行われる。

日本やロシア、トルコ、台湾、南米などでは、特別な場合を除いて、早くから茶摘みを機械化している。しかし、アジア、アフリカの多くの生産国で起伏の多い高地山岳地帯や、谷あいなどでは機械化は難しいため、手摘みが原則となっている。

1日あたりの

図表３－４　生葉の摘採

収穫量は、季節や地域、茶園によって異なるが、通常は中国系の品種で生葉を10～20kg、繁忙期には女性でも20～30kg、熟練者となると、通常で30～40kg、最高45kgぐらい摘むという。この、生葉の収穫量を仕上茶の重量に換算すると約4分の1になるので、20kgの生葉からは5kg程度の紅茶ができることになる。

芯芽から下へ数えて3枚目の葉や、4枚目の葉などは日が経つにつれて成熟していくために酸化酵素の活性力や、カフェインそのほかの成分の量が減っていく。このような古い(硬い)葉は、原則的に摘み採らないように指導されるが、最近では多くの茶園で「一芯三葉摘み」を行うことが一般的になってきている。生葉の重量でみると、「第三葉」と「一芯二葉」の重量はほぼ同じであるので、一芯三葉摘みのほうが一芯二葉摘みより、2倍も効率がよいということになる。また、経営の観点からも、一芯二葉摘みの産物が一芯三葉摘みの産物の2倍の売価がつくわけではないので、三葉まで摘むことになる。

気象条件により例外はあるが、「シュート」(芽吹き)は、そのままカットもせずに放置すれば1年間に1回しか起きない。そこで、摘採や剪定(定期的な刈り込み)といった刺激を与えることによって、切り残された茎の間から、あらためて新しい芽が伸びてくる。通常の紅茶産地の気象条件下では、45日間ほどで摘採時期がやってくる。大規模な茶園では回り摘みをして、7～10日ごとに一定の基準以上に伸びた芽を摘むことによって茶樹に刺激を与え続ける。茶樹はそのたびごとに、その下の茎から発芽の準備をする。

(2) 萎凋（いちょう）

生葉には約77%の水分が含まれているが、このままでは次の工程の揉捻（じゅうねん）がやりにくい。そこで、生葉をしおらせ、水分を半分近くまで減少させる作業が必要となる。この結果、生葉の総重量は初め（100%）に比べて約60%に減少する。この萎凋の間に、茶葉の含有成分に化学変化が始まる。多糖類が減り、可溶性のアミノ酸やカフェインなどが増え、クロロフィルの分解、酸化酵素の活性が始まり、若いりんごのような爽やかな香りがでてくる。これらの現象が紅茶の品質、とくに香気成分の生成に深くかかわってくる。萎凋の段階で香気成分は生葉の10倍に増えるといわれる。

萎凋の程度は、葉を握りしめたときに弾力性がなくなっており、握力を緩めても葉のかたまりが解けず、葉に手指の跡が残るくらいがよい。

萎凋には、「自然萎凋」と「人工萎凋」がある。自然萎凋とは、風通しのよい広大な萎凋室の萎凋棚に生葉を薄く均等に拡げて、日陰干しをすることである。

一方、人工萎凋は、萎凋槽の網の上に生葉を平らに20～30cmの厚さに拡げ、網の下から送風機で温度調節された大量の風を送る。自然萎凋より場所を取らず、時間も短縮できるため、近年ではほとんどの製茶工場で人工萎凋が行われている。

(3) 揉捻（じゅうねん）

葉の形を整えながら、葉の組織細胞を砕いて酸化発酵を促すために、揉捻機にかけてよく揉む。葉を揉むことにより、葉によじれを与え葉の形状を平たいものから棒状、針金状に変えていく。同時に葉の細胞組織を破壊して、葉の中の酸化酵素を含んだ汁液を葉の外側に絞り出し、空気に触れさせる。こうすることにより、酸化酵素(ポリフェノール・オキシダーゼ)が空気中の酸素と触れて活性化し、汁液に含まれるポリフェノール化合物(タンニン)、ペクチン、クロロフィルなどの酸化発酵が始まる。この酸化発酵が紅茶の香り、味、コク、水色のベースを作るといえる。

揉捻の工程は、カップ水色の濃淡やフレーバーにそれぞれ影響を与える。これをコントロールするのは、揉捻の時間と、揉捻機の押さえぶたを使って茶の葉に加える圧力の強弱である。ここで、茶の葉の色はしだいに暗い緑色に変化していき、おろし金でりんごを擂ったときのような強い芳香がいっせいにでてくる。

この間に茶の葉はすでに60~70％の発酵をするため、「揉捻＝発酵」と考えられる。

(4) 玉解き・ふるい分け

揉捻された茶葉は、揉まれて団子状のかたまりになっているため、このかたまりをほぐし、平均的に空気に触れさせて酸化発酵させる必要がある。そこで、20~30分ごとに自動玉解き機にかける。この機械は、茶葉のかたまりをほぐしながらふるい分けするために、目の粗いメッシュのついたすべり台式のもので、上下・左右に揺れ動く仕組みになっている。そして、良質で柔らかい新芽や若葉の多い部分は、最初のふるい分けの段階で簡単に網目から下に落とされる。これを、「ふるい下」と呼び、品質が劣化するのを防ぐため、すぐに次の発酵工程に移される。網目を通らずに上に残った大きめの茶葉は「ふるい上」と呼び、再び第2揉捻機で揉み直される。

この工程は数回繰り返すことが多いが、かたまりをほぐしながら葉の組織を柔らかくし、摩擦熱を冷却させて、発酵のし過ぎや、発酵が不均等に進むことなどを防ぐ効果があり、もっとも重要な部分である。

(5) 酸化発酵

茶葉の酸化発酵は、揉捻の開始からすでに始まったといえるが、この工程は酸化発酵の最終段階として、フレーバーやカップ水色を適度に出すことを目的としている。

玉解きの後、「ふるい下」の茶葉を、発酵室内のセメントやタイル、ガラス製の床や棚などの上に4～5㎝の厚みで平らに広げて空気にさらす。発酵室の温度は平均的に20～26℃、湿度は90％程度に調整されている。最近は、これらの条件を揉捻中から与えて、茶葉の発酵を促進させている。

つまり、「揉捻＝発酵」という考え方に基づいて、合理的な方法がとられることによって、揉捻開始から発酵終了までの時間が短縮された。発酵の過程で、タンニンの一種であるカテキン類と呼ばれる無色の収斂(しゅうれん)剤が、可溶性の着色合成物質（テアフラビン、テアルビジン、その他の酸化重合物）に化学変化する（図表3―5）。そしてここで、紅茶特有のフレーバーが生まれる。

(6) 乾燥

茶葉の酸化発酵を、望ましい色と香りが出た時点で完全に止めて形を締め、貯蔵や輸送を容易にするために、乾燥という工程がある。

乾燥機には多くの種類があるが、いずれも熱風乾燥で、完全自動式のタイプが主流となっている（図表3―6）。発酵終了時点で茶葉の含有水分は

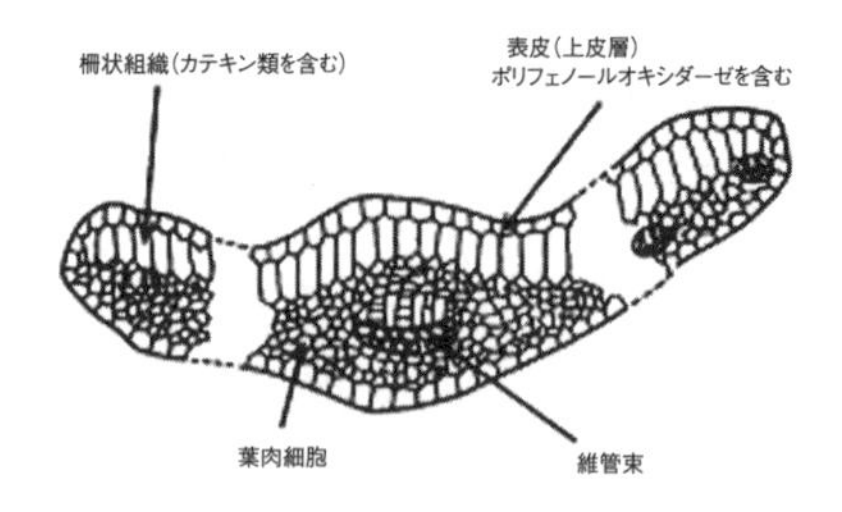

図表３－５　茶葉の内部構造（略図）

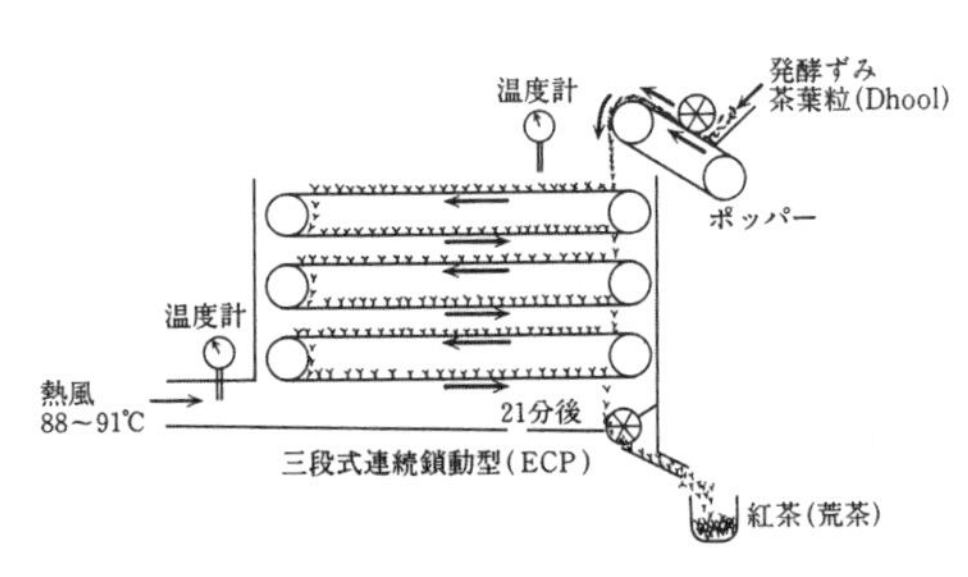

図表３－６　乾燥機内部構造模式図

約60％あり、低温乾燥だと茶葉の組織が引き続き化学変化を起こすため、高熱風（１１０～１２０℃）で10～15分間「荒乾燥」をする。ここで水分は約20％になる。次に70℃前後の熱風で20～25分間「本乾燥」をして、最終的に水分３～４％にする。乾燥されてできた茶葉は「荒茶」と呼ばれる。

(7) 等級区分

乾燥の終わった「荒茶」は、新芽と葉と茎から作られたにもかかわらず、さまざまな混入物を含んでいる。そこで、「電気棒取り機」や「風選機」などを使って、余分な茎や硬い葉脈、微粉末などを取り除く（クリーニング）作業をしてから、ふるい分け機にかけてメッシュの大きさにより、サイズごとに区分される。これが「等級区分」であり、茶葉の大きさや外観を表している。ただし、品質・品種の優良を表すものではない。

等級区分の工程を終えた「仕上げ茶」は、50kg入りの木箱や、25kg入りのダンボール、現在では多くは、防湿クラフト袋などに、正確に計量されてから詰め込まれる。

これらの茶は、「原料茶」であり、最終的には専門家の手により完全にブレンドされてはじめて「紅茶製品」となる。

4 アンオーソドックス製法

アンオーソドックス製法は、オーソドックス製法とは別に、もともと補助手段として開発工夫されたものである。大量生産を前提として、とくに多雨、多湿地域（インドのドアーズ、テライ、カチャール、アッサムなど）にあって、生葉の萎凋時間と酸化発酵の効率化を図るため、また、形状、外観にこだわらず、速くかつ濃厚に茶のエキス分を抽出することを可能ならしめるため、考案されたものであった。

現在アンオーソドックス製法には、CTC製法、レッグ・カット製法、ローターバーン製法があり、さらにLTP製法も行われている。

(1) CTC製法

CTC機は、1930年インド・アッサムでW・マック、カーチャーが考案したもので、北インド、アッサム、ドアーズ地方を中心に急速に普及した。その後アフリカ新興産地でも広く採用され、現在ではインドネシア、スリランカ、中国海南島・南部にも部分的に採用されつつある。CTC機とは、1台で押しつぶし（Crush）、引き裂き（Tear）、丸めて小さな粒状にする（Curl）ことのできる機械で、この頭文字からCTC製法と名づけられた。

この製法は、軽萎凋葉（摘採された生葉を、短時間萎凋）を約30分間、普通の揉捻機にかけて揉み、玉解きをした後でCTC機にかける。CTC機は、高速回転（720rpm）と低速回転（66rpm）の2つのローラーの狭いすき間に、ローラーの回転を利用して巻き込み、ローラーについた歯で茶葉を小さく削り、ローラーの長方向（130cm）にねじりながら運ぶ間に茶の破片をローラーの表面でこすって、直径1㎜程度の粒状に丸めていくものである。以上の操作は機械を通して一瞬のうちに施される。本機の処理能力は、1台あたり毎時1600kg、等級区分は、ブロークンペコー（BP）30%、ファニングス（F）50%、ダスト（Dust）20%である。

2008年の統計では、全世界紅茶生産合計（約264万t）のうち150万tがCTC茶であった。今後もCTC茶の需要、そして生産は増加していく傾向が想定される。

CTC茶は、アメリカ、イギリスをはじめとする先進工業国でティーバッグ用に主として使用されるほか、紅茶生産国内での一般消費向けにも大量に使用されている。

CTC製法による製茶の工程では、生葉に含まれていた茶汁が酸化発酵して葉の繊維の表面についたままカラメル風に乾燥される。その結果、これに熱湯がかかると短時間で溶け出して、強い香味とカップ水色が得られる。しかし、本質的に萎凋時間が短いＣＴＣ茶は、香気成分が配糖体のままでいるために、香りがオーソドックスと比べて相対的に弱い。

(2) レッグ・カット製法

１９２３年頃から試みられていた「細切りのタバコ・カッター」を改良した「レッグ・カッター」を使用したもので、茶葉を０・４～０・８㎝幅に連続的に細く切り、大部分の細胞を破壊する製法で細切り後、抑えぶたなしの揉捻機にあけて、短時間揉捻し、約30分間で発酵を終えて、乾燥させる方法である。

この製法は、とくに雨量の多い北インドのドアーズ、テライにおいて一時的に普及したが、現在ではドアーズの一部で活用されているに過ぎない。等級区分は、Ｆ70％、Ｄｕｓｔ30％である。

(3) ローターバーン製法

ローターバーンは、１９５８年アッサムにあるトクライ茶業研究所のイアン・マックティアが開発した「肉ひき機」に似た大型の揉捻機で、高低のある肉厚の円筒（20～40ｂの各種）内にスクリューの回転で茶葉を押しこみ、連続的に茶葉を圧搾、小さく切砕するもので、ＣＴＣ機との併用、セミオーソドックス揉捻機との連動も可能であり、また、ふるい分けして２度かけることもでき、適宜に使用される。

等級区分は、ブロークンオレンジペコー（ＢＯＰ）45％、Ｆ40％、Ｄｕｓｔ10％である。

第4章　日本の紅茶事情

1　紅茶の位置づけ

わが国の紅茶の供給については、ほぼ輸入に依存しており、輸入統計上では、紅茶（賞味3kg以下の直接包装〈小売用〉したもの）、紅茶（3kg以上のバルクで国内包装茶用、飲料用）およびインスタント紅茶に分類されている。詳細は後述するが、輸入茶葉を重量ベースでみた場合の2014年の各市場別シェアは飲料用が56％、国内包装用が44％で、ほかにインスタントティーが2992tになっている。金額ベースでは飲料用茶葉が63億円（製品ベースで1890億円）、一般市場、贈答市場、業務用市場向けの包装紅茶が360億円、インスタントティーが133億円である。

清涼飲料市場では紅茶飲料は茶系飲料に含まれており、2014年度の茶系飲料の販売金額は8487億円、548万kℓで、全清涼飲料に占める割合は金額で23・4％、数量で27・4％とかなり高い（図表4―1）。

品目の内訳は紅茶飲料が1746億円、99万4000kℓ、ウーロン茶が913億円、63万3320kℓ、緑茶飲料3925億円、248万5650kℓ、その他の茶系飲料は1903億円、134万390kℓとなっている。

うち、紅茶飲料は数量で前年比98％と好結果であった。ウーロン茶、緑茶はそれぞれ89％、102％であった（図表4―2）。

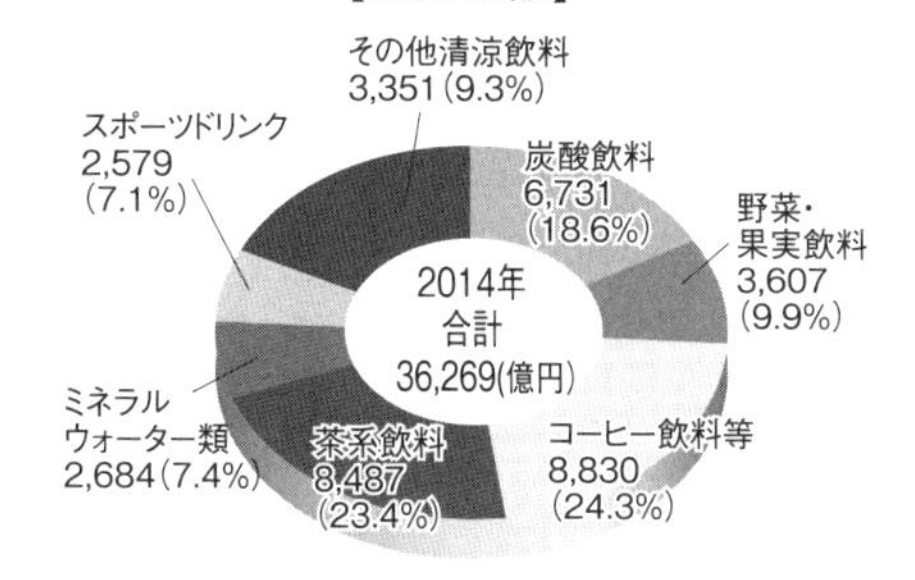

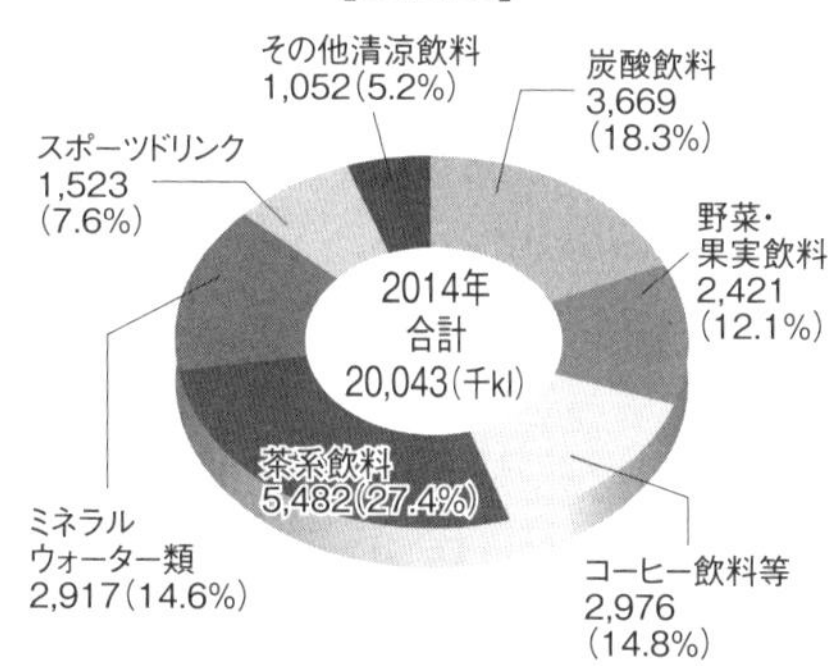

資料：(一社) 全国清涼飲料工業会

図表4－1　清涼飲料の品目別生産割合

2 紅茶の需給状況

わが国における紅茶の需給状況をみてみると、日本の紅茶の生産は、1971（昭和46）年の紅茶の自由化以降年々減少し（第1章図表1－8参照）、91～95年の5カ年平均ではわずか1・6tで、2008年は46tと、現在では一部愛好者向けの生産にとどまっている。半発酵茶を含む紅茶の輸出量は08年で110tである。ただし、これらの紅茶は日本に輸入された紅茶をリパックし、他国へ再輸出したものなどである。した

図表４－２　茶系飲料の品種別生産量

（単位：kℓ、百万円）

年次 / 分類	2012年		2013年		2014年（見込）	
	生産量	生産金額	生産量	生産金額	生産量	生産金額
ウーロン茶飲料	742,800	114,746	711,600	102,571	633,320	91,288
紅茶飲料	1,095,800	215,654	1,014,200	178,188	994,000	174,639
緑茶飲料	2,310,100	375,060	2,436,900	384,776	2,485,650	392,473
むぎ茶飲料	355,400	42,661	424,500	48,544	457,500	54,376
ブレンド茶飲料	677,900	114,565	670,700	106,285	657,000	104,114
その他茶系飲料	249,800	40,146	235,300	33,176	225,890	31,849
茶系飲料計	5,431,800	902,832	5,493,200	853,540	5,471,360	848,739

資料：日刊経済通信社「酒類食品統計月報」

がって、わが国の紅茶の国内需要はすべて輸入に依存しているのが実状である。２０１４年の国産紅茶の生産量は１２０t前後と推定される。

3　市場推移

日本における紅茶市場は長年停滞していたが、輸入自由化後１９８８（昭和63）年に１万tを超えて以降拡大し、２００８年には１万７４５０tで、そのうち液体用原料茶（工業用）が55％を占め、家庭用、贈答、業務用は若干減少傾向にある。しかし、最近の数年間は若干、下降トレンドである（図表４―３）。

図表4－3　紅茶の市場別規模の推移

（単位：t）

年次	工業用	包装紅茶			合計
		量販用	贈答用	業務用	
1980	180	3,950	2,350	1,020	7,500
1985	1,350	3,900	1,400	1,150	7,800
1990	7,000	4,450	1,150	1,400	14,000
1995	8,500	6,500	850	1,400	17,000
2000	8,000	6,900	450	1,400	16,750
2005	8,500	6,450	350	1,350	16,650
2008	9,550	6,400	300	1,200	17,450
2010	10,840	6,700	280	1,050	18,870
2014	8,910	6,110	180	700	15,900

資料：日刊経済通信社　　注　：茶葉（重量）ベース。

(1) 量販市場

この市場は、スーパー、小売店を中心とした市場で、紅茶市場全体の50％以上を占めていたが、近年は工業用市場（主に液体飲料）の成長によりシェア的には下降傾向にある。

また、この市場をブランド別にみると、全国的な流通チャネルをもつ著名なナショナルブランドが圧倒的で、具体的には日東、リプトン、トワイニングの3銘柄などが大きなシェアを占めている。

(2) 贈答用市場

この市場は、デパート、高級飲食料品専門店などを中心とした市場である。かつて1970年代には紅茶市場全体の35％を占めていたが、1981（昭和56）年度以降下降し、14年でみると全市場の1・1％の180tにまで下がってしまった。この原因は、紅茶が大衆化し贈答用商品としての目新しさがなくなったことに加えて、全体的に百貨店での贈答品販売が下降傾向にあるためで経済的・贈答習慣の変化も見逃せない。

この市場をブランド別にみると、かつてはトワイニング、リプトン、ブルックボンド、ジャクソン、リッジウエイ、メルローズなどの英国系紅茶ブランドが主力であったが、近年は多様化し、ウェッジ・ウッドやミントンなど、陶器メーカーブランドや、海外ブランドF&M、フォションなども参入してにぎわいをみせている。しかし、贈答用商品(デザインなど)のライフサイクルが短いため、各メーカーはギフトセットとして贈答品種・競合ブランドに対し、いかに差別するか、新しい訴求ポイントを模索しつつ努力しているところである。

(3) 業務用市場

外食産業、ホテル、レストラン、喫茶店向けの市場で、かつては紅茶メーカーの2・24kg入りレストランパックや500g入りの産地シリーズ(ダージリン、アッサム、ニルギリ、ウバ、ヌワラエリヤ、ディンブラなど)とバラ茶(マデマの#619、#629、ティーエステイトの#705、#736、カーソンの#G3など)が主体であったが、近年は紅茶専門店や全国チェーンのカフェが生まれるなど各店の特徴を生かして、生産国の産地別クオリティー・シーズン茶やアールグレイ、アップル、シナモンなどのフレーバードティーなどが導入されるなど、ホットもアイスもメニューが多様化している。しかしながら、需要量的にはほぼ安定しており、14年のシェアは、市場全体の4%の700tである。

(4) 工業用市場

インスタント・ティーミックスやRTD(Ready To Drink:缶・PET・紙容器入りなど即飲タイプの紅茶ドリンク)などに加工される原料市場であるが、1981(昭和56)年以降著しい伸びを示した市場で、全紅茶市場の56％を占めている。

(5) 紅茶飲料・インスタントティー市場

図表4―4で、小売、贈答、業務用紅茶、紅茶飲料、インスタントティーを含めた紅茶市場規模を重量および金額（茶葉の取引換算）でみると、総市場規模は安定・堅調に推移している。

一般の小売などは堅調であるが、紅茶飲料（RTD）市場は、主力メーカーの発売記念キャンペーンなどの節目の年に増大している。また、各社の新製品開発、バラエティー化、新規参入などでここ数年安定している。

インスタントティー市場は安定、増加傾向が続いており、06年以降は連続して増加、とくにカテキン向けの需要も貢献している。また、07年頃から製品のバラエティー化で新規需要の掘り起こしをした結果、伸張が著しい。

また、主に家庭用での（RTD市場を除く）リーフティーおよびティーバッグ市場は、1997年以降、2000～2300ｔと安定・堅調に推移している。続いてティーバッグと包装紅茶の割合を図表4―5に示す。うち、ティーバッグの比率は増加傾向にある。贈答品市場はかつて大きな市場であったが、デパートの売上減少にともない減少が続いている。ギフトの多様化もあり、今後も減少傾向は続くと思われる。

4 種類別消費量の推移

紅茶全体の消費量を単純に茶葉の包装形態であるリーフティー、ティーバッグ別にみると、ティーバッグの比率が1980（昭和55）年の72％から

図表４－４　紅茶のトータル市場規模

区分	単位	2011年	2012年	2013年	2014年	2015年（見込）
紅茶（リーフ、TB）	t	18,500	18,090	16,500	15,900	16,000
	億円	430	410	370	360	365
紅茶飲料（濃縮含む）	kℓ	1,130,550	1,102,300	1,025,000	973,750	934,600
	億円	2,210	2,135	1,990	1,890	1,820
インスタントティー	t	11,380	12,000	12,850	12,080	11,840
	億円	125	128	135	133	130
合計	億円	2,765	2,673	2,495	2,383	2,315

資料：日刊経済通信社調べ
注　：年度は１～12月。

図表４－５　種類別構成比（家庭用）

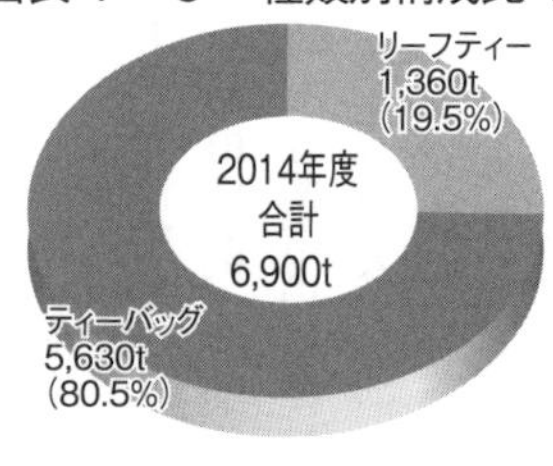

資料：日刊経済通信社
注　：年度は１～12月。

年々減少し、２００８年は33・８％となっている。一方、リーフティーは逆に80年の28％に比し08年は66・２％と増加している。このようにリーフティーの比率が増加したのは、ＲＴＤ（液体飲料）、工業用原料需要の増大によるものである。現在も同様の状況にある。

将来の展望については、紅茶製品に対する潜在需要はとても大きく、紅茶はコーヒーに比しマイルドなアルカリ嗜好飲料でもあり、しかも本来、ほかの飲料に比して廉価な飲みものでもある。幸い「ウーロン茶」のブームなどもあって、同じ茶樹から製造され、製茶方法の違いによって緑茶ともなり、ウーロン茶、紅茶ともなることが認知されてきている。紅茶が低カロリーである特性とも関連し、健康志向が高まるなかで、砂糖なしで飲む習慣が生まれつつある。紅茶協会主催のティーセミナー参加者などによるアンケートによれば、プレーン（ストレート・砂糖なし）で飲む人が一番多い。

一方、紅茶に含まれるポリフェノール類（タンニン）に強力な「抗酸化作用」があることが実証されつつあることもあって、紅茶については保健飲料としての価値も高く評価されてきた。さらに、日本紅茶協会では、１９８３（昭和58）年以降、11月１日を「紅茶の日」と定め、この日を中心に業界が一丸となって教育・宣伝活動を展開している。加えて、ティーインストラクター資格認定制度によるティーインストラクターの養成研修を26年前から行い、資格を認定している。この有資格者による紅茶消費のため「紅茶セミナー」などの普及活動を全国的に展開していることから、おいしい紅茶のいれ方、メニュー、楽しさなどの普及促進にともない紅茶の需要の拡大は大いに期待できる。

今後、国内各紅茶のパッカーのマーチャンダイジング力が、新時代における日本人のニーズに速やかに対応できるかどうかと、ＲＴＤなどによって開拓した若年、男性などの新しい需要層に、本物で良質廉価な紅茶を円滑に供給し得るかどうかにかかわっていると思われる。

第5章

世界の動向

1 生産動向

(1) 世界の茶の総需給関係

① 茶（緑茶、紅茶）の生産量

ＩＴＣ（International Tea Committee・国際茶業委員会）による世界の茶生産を１９８５年からみてみると、総生産量は約30年あまりでおよそ２９０万ｔ、２２８％の大幅増産である（図表５－１）。年次別生産量は１９９０年が２５０万ｔで、２００１年に３００万ｔ、08年では３８０万ｔ、ついに14年には５００万ｔの大台を超えた。

品目別には同約30年の間で紅茶が１７８９千

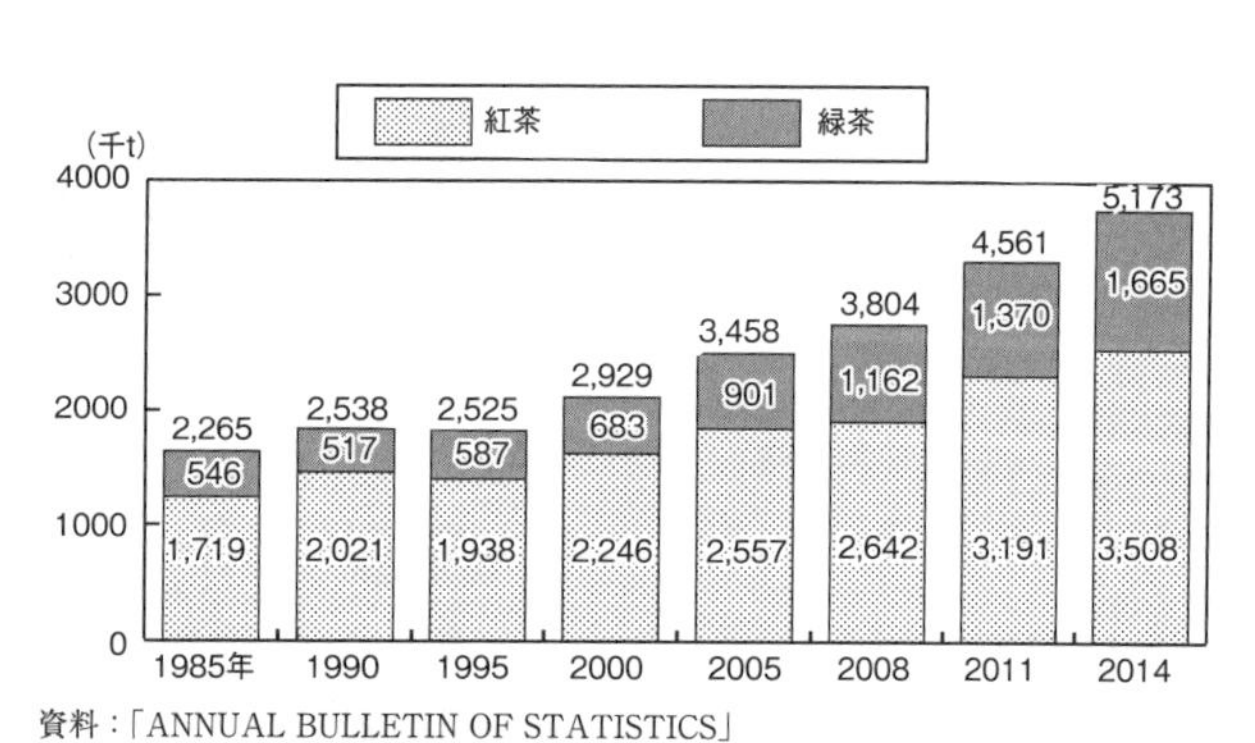

資料：「ANNUAL BULLETIN OF STATISTICS」
International Tea Committee,London

図表５－１　世界の茶の生産統計

t、204%、緑茶が1119千t、305%と大増増産している。とくに中国での急激な緑茶の生産増により、中国の緑茶はここ10年で200%と増大した。

図表5―2で、同約30年の紅茶生産量を主要国別にみると、インドが56万tの増産、スリランカが12万t、ケニアが30万t、インドネシア3・4万tとおのおの増産している。なかでもインド、ケニアの増産が大きい。

一方、需給関係についてはこの30数年、生産、消費ともに伸長し、需給のバランスは堅調である。

また、図表5―3で地域別茶生産量をみると、アジア地域が1980年の148万t（シェア80%、以下カッコ内同）から 2014年には440万t（85%）と増産になり、アフリカ地域も19万t（10・3%）から、67万t（13%）に上

図表5－2　主要国別紅茶生産量

（単位：千t）

	1985	1990	1995	2000	2005	2008	2011	2014
インド								
北東インド	506	537	560	610	718	734	876	965
南インド	142	175	187	204	228	247	240	242
インド合計	648	712	747	814	946	981	1,116	1,207
スリランカ								
高地産	79	76	74	83	80	84	79	79
中地産	56	53	51	56	55	49	53	49
低地産	80	105	122	165	182	185	196	210
スリランカ合計	215	234	247	304	317	318	328	338
ケニア	147	197	245	236	323	346	378	445
インドネシア	98	126	111	131	156	137	142	132
四大生産国合計（世界合計中のシェア）	1,108（60%）	1,269（63%）	1,350（69%）	1,485（67%）	1,742（68%）	1,782（67%）	1,745（38%）	1,860（36%）

資料：「ANNUAL BULLETIN OF STATISTICS」
International Tea Committee,London

注　：その他の紅茶生産国＝中国、トルコ、イラン、マラウイ、バングラデシュ、アルゼンチン、ロシアなど18カ国。

昇した。一方、USSR／CISが体制の変更により1万t（0・1％）に大きく減産となっている。

② 作付面積と生産性

主要国の栽培面積は1993年224万ヘクタールから2014年には456万ヘクタールと234万ヘクタール（205％）拡大した（図表5－4）。国別には中国が148万ヘクタール増と大きく拡大、続いてインドが15万ヘクタール増、ケニアが10万ヘクタール増などとなっている。スリランカはほとんど変わらないが、日本、トルコではやや減少した。

生産性はトルコがトップで1ヘクタール当たり3t、1ヘクタール当たりの平均生産量は中国、その他各国での若干の改善もあり、1993年1・1t、2014年1・3tと上昇した。

図表5－3　世界茶の地域別生産量の推移

（単位：千t、％）

年次	アジア		アフリカ		中南米		USSR／CIS		その他		計	
1980	1,483	80.2%	191	10.3%	36	1.9%	130	7.0%	8	0.6%	1,848	100%
1985	1,811	79.1	273	11.9	45	2.0	152	6.6	9	0.4	2,290	100
1990	2,027	80.6	320	12.6	49	2.0	110	4.4	9	0.4	2,515	100
1995	2,092	82.9	365	14.5	46	1.8	11	0.4	11	0.4	2,525	100
2000	2,444	83.2	400	13.6	72	2.4	15	0.5	8	0.3	2,939	100
2005	2,864	82.8	488	14.1	90	2.6	7	0.2	7	0.3	3,458	100
2008	3,187	83.8	518	13.6	82	2.2	9	0.2	8	0.2	3,804	100
2014	4,399	85.0	666	12.9	91	1.8	8	0.1	9	0.1	5,173	100

資料：「ANNUAL BULLETIN OF STATISTICS」International Tea Committee,London

図表５－４　主要国の作付面積と生産性

国名	1993			2008			2014		
	面積 千 ha	生産量 千 t	1ha 当たり t	面積 千 ha	生産量 千 t	1ha 当たり t	面積 千 ha	生産量 千 t	1ha 当たり t
北東インド	343	581	1.7	448	734	1.6	460	965	2.1
南インド	76	179	2.4	120	247	2.1	107	242	2.3
インド合計	419	780	1.8	568	981	1.7	567	1,207	2.1
スリランカ	187	233	1.2	188	319	1.7	188	210	1.1
インドネシア	129	137	1.1	132	138	1.1	121	132	1.1
ケニア	105	211	2.0	157	346	2.2	203	445	2.2
日本	56	92	1.6	48	93	1.9	45	81	1.8
中国	1,170	600	0.5	1,719	1,200	0.7	2,650	2,096	0.8
マラウイ	19	40	2.1	19	42	2.2	19	46	2.4
トルコ	89	128	1.4	78	229	2.9	77	230	3.0
ベトナム	70	38	0.5	131	166	1.3	125	175	1.4
合計	2,244	2,259	1.1	3,040	3,439	1.13	4,562	5,829	1.3

資料：「ANNUAL BULLETIN OF STATISTICS」International Tea Committee,London

③ 輸入量・輸出量

図表5―5で地域別輸入量をみると、アジア地域が1980年で217千t（シェア26%、以下カッコ内同）から2014年に500千t（30%）に、USSR／CISが56千t（14%）から257千t（29%）に、おのおの増大している。一方、ヨーロッパ、アメリカの占有率は5～10%減少した。

このように世界の茶輸入量はおよそ166万tで、2005年は147万tにより10年間で約20万t増加した。国別にみるとロシアは15・4万tで全世界輸入量の9・3%を占め（2005年は11・8%）、パキスタンは13・8万t、同8・3%（同9・5%）、アメリカは12・9万t、同7・8%（同6・7%）で以下イギリス、エジプト、アフガニスタンと続く（図表5―6）。地域としてみると、

図表5－5　世界茶の地域別輸入量の推移

（単位：千t、%）

年次	アジア	アフリカ	ヨーロッパ（イギリス）	アメリカ（カナダ・中南米を含む）	その他（USSR／その他）	計
1980	217(25.9)	137(16.3)	250(29.8) (イギリス 186)	118(14.1) (アメリカ 83)	117(13.9) (USSR/CIS56)	839(100)
1985	250(26.7)	160(17.1)	219(23.4) (イギリス 155)	111(11.9) (アメリカ 79)	195(20.9) (USSR/CIS96)	935(100)
1990	279(25.4)	175(15.9)	210(19.1) (イギリス 142)	105(9.6) (アメリカ 77)	330(30.0) (USSR/CIS239)	1,099(100)
1995	285(26.4)	201(18.6)	239(22.1) (イギリス 139)	115(10.6) (アメリカ 98)	184(22.3) (USSR/CIS162)	1,081(100)
2000	338(30.3)	225(20.1)	239(21.4) (イギリス 134)	107(9.6) (アメリカ 96)	208(18.6) (USSR/CIS193)	1,117(100)
2005	451(30.7)	273(18.6)	243(16.6) (イギリス 128)	141(9.6) (アメリカ 120)	359(24.5) (USSR/CIS172)	1,467(100)
2008	421(27.5)	298(19.5)	257(16.8) (イギリス 130)	160(10.5) (アメリカ 117)	395(25.7) (USSR/CIS254)	1,531(100)
2014	500(30.0)	274(16.5)	239(14.4) (イギリス 106)	172(10.4) (アメリカ 129)	473(28.5) (USSR/CIS257)	1,658(100)

資料：「ANNUAL BULLETIN OF STATISTICS」
International Tea Committee,London

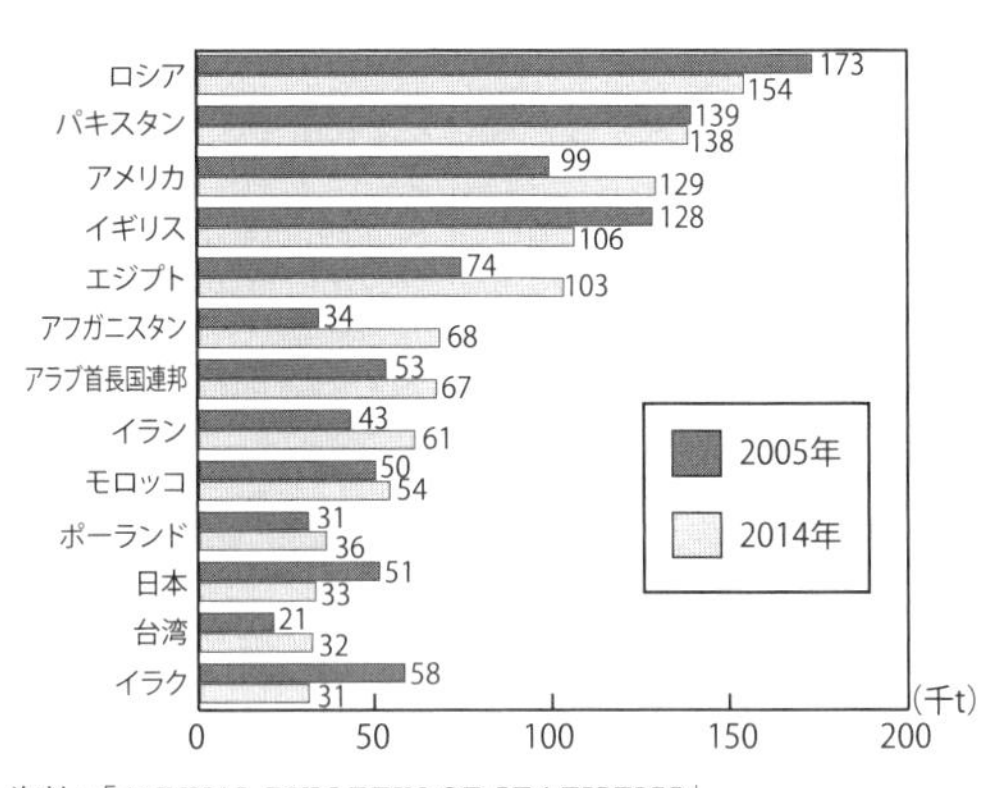

資料：「ANNUAL BULLETIN OF STATISTICS」
International Tea Committee,London

図表5－6　主要国の茶輸入量

アジア諸国が５００万ｔで30・0％と最大であり、２００５年の４５１万ｔ、30・7％から６万ｔ増加した。また、アフリカ諸国も増加して27・４万ｔとなっている。

一方、世界の輸出量はこの５年間で全生産量の41・７％から35・３％に減少した（図表５―７）。これは中国、インドの増産と生産国での国内消費量の増加傾向が主因と判断される。

輸出量の首位は、２００３年まではスリランカで、次位はケニアであったが、04年より首位が逆転した。ちなみに03年はスリランカ29万ｔ、ケニア26・７万ｔであり、したがい04年から大幅に変化したことになる。

ケニアは、近隣諸国からの輸入などで自国の生産量以上を輸出している。３位は中国で、近年増加傾向にある。また、中国、インドは国内の消費

図表5－7　主要国の茶輸入量

（単位：t、%）

国名	2005	2010	2011	2012	2013	2014	(%)
ケニア	348,276	441,021	421,272	430,205	494,347	499,380	112.2
スリランカ	298,769	296,383	301,271	306,040	309,199	317,885	94.0
中国	286,563	302,525	322,581	321,785	332,416	301,484	14.4
インド	195,228	218,660	213,174	206,188	215,540	204,597	16.9
ベトナム	787,918	137,970	130,000	144,028	140,325	132,000	75.4
インドネシア	102,294	87,101	75,450	70,071	70,842	66,399	50.3
アルゼンチン	66,389	85,346	86,197	76,840	74,370	76,111	92.5
世界合計輸出量	1,566,290	1,786,100	1,760,950	1,774,768	1,861,144	1,826,707	35.3

資料：「ANNUAL BULLETIN OF STATISTICS」International Tea Committee,London

注　：各国の右の数値（%）は、国内生産量に対する輸出の割合。

図表5－8　主要国の茶消費量

国別　（単位：千t）

No.		2005～07	2012～14
1	インド	771	927
2	中国	737	1650
3	CIS	239	94
4	トルコ	137	235
5	日本	145	112
6	イギリス	132	106
7	パキスタン	121	138
8	アメリカ	106	129
9	イラン	64	68
10	インドネシア	60	80

1人当たり　（単位：Kg）

No.		2005～07	2012～14
1	アイルランド	2.16	1.56
2	リビア	2.37	2.7
3	イギリス	2.17	1.81
4	トルコ	1.87	3.18
5	クエート	2.04	−
6	イラク	1.82	1.18
7	アフガニスタン	1.65	2.73
8	カタール	2.45	1.61
9	シルア	1.59	0.96
10	モロッコ	1.67	1.74
11	台湾	1.53	1.56
12	スリランカ	1.39	1.36
13	香港	1.46	1.38
14	日本	1.13	0.91

資料：「ANNUAL BULLETIN OF STATISTICS」International Tea Committee,London

量が多く、生産量に対する輸出量比は14～17％である。

④ 茶消費量

国別では、中国が１６５万ｔで、他国を圧倒している。また、２位はインドの約９００ｔで３位以下を引き離している（図表５―８）。以下、トルコ24万ｔ、パキスタン13万ｔ、日本11万ｔと続く。日本は世界有数の茶消費国といえる。

一方、１人当たりの消費量はトルコがトップで１人当たり３kg以上を消費している。それにアフガニスタン、リビアが続き、日本は１kg程度となっている。国別消費量では、日本はイギリスよりも上位にあるが、人口数を考慮すればイギリスの２分の１になる。

イギリスやアイルランド、香港などは前期より減少している。

(2) ＣＴＣ茶の生産状況と特徴

ＣＴＣ茶（アンオーソドックス製法による茶）の生産は、東北インドのアッサム、ドアーズ地域で急速に普及した。その後は、ダージリンとニルギリなどの高地を除いて、全インドとバングラデシュに普及し、現在では、アフリカ大陸のほぼすべての茶産地で普及している。インドネシア、スリランカの中・低地、それに広東省や海南島を含む中国南部（華南地方）にも少しずつ採用されつつある。

２０１４年のＣＴＣ茶とＯＴＨ茶（オーソドックス製法による茶）の各国ごとの生産比率を図表５―９に示す。

全世界紅茶生産によると、ＣＴＣ茶の需要、生産がゆるやかに増加していく傾向が想定される。

図表5－9　茶の生産比率（2014年）

（単位：千t）

	CTC	OTH
バングラディシュ	60	4
スリランカ	23	311
インドネシア	10	90
中国	－	180
台湾	－	1
イラン	－	14
マレーシア	－	2
ミャンマー	－	20
ネパール	15	5
トルコ	－	220
ベトナム	8	72
アジア計	1,224	1,013
ブルンジ	9	－
カメルーン	－	5
コンゴ	4	－
エチオピア	6	19
ケニヤ	426	－
マラウィ	46	－
モーリシャス	2	－
モザンビーク	7	－
ルワンダ	25	－
南アフリカ	4	－
タンザニア	36	－
ウガンダ	65	－
ジンバブエ	13	－
アフリカ計	643	24
北インド	915	40
南インド	193	44
インド計	1,108	84
アルゼンチン	－	79
ブラジル	－	5
エクアドル	－	2
ペルー	－	3
南アメリカ計	－	89
CIS	－	8
パプアニューギニア	6	－
総合計	1,873	1,134

資料：「ANNUAL BULLETIN OF STATISTICS」
International Tea Committee,London

2 オークション

(1) ティーオークション

紅茶ブレンド用の原料茶葉は、ティーオークションによって国際的な規模で取引される。ティーオークションは、原料紅茶を自由取引するための「高値落としのセリ市」である。

各社の銘柄商品として市中で売買される紅茶製品のほとんどすべては、製品設計のレシピにもよるが、少なくとも20種類前後の原料茶、または、最少でもそれぞれ異なる3～4茶園のものが、ブレンダーと呼ばれる専門家によって配合されて「ブレンド紅茶」となる。このために、パッカーズ/ブレンダーズ（メーカー）にとっては、自社の製品を造るために、欲しい種類と分量の原料茶を、自社が希望する値段で買い付けてブレンドができるような条件が必要になってくる。

こうした要求から生まれた「ブレンド用の原料紅茶の自由取引市場」が、いわゆる『ティーオークション』（高値落としのセリ市）である。

原料紅茶は、いわば農産物（乾燥野菜）で鮮度がカギとなるために、現代では、取引所は原則として生産地に近い立地に設けられている。取引の大部分は「ティーオークション」の形式で行われ、すべて「現物取引」され、コーヒーなどにみられる「先物取引」は（一部を除いて）ない。

(2) 世界の主な紅茶取引所としくみ

世界の主な紅茶取引所は、生産国内のコルカタ（カルカッタ）、コーチン、コロンボ、ジャカルタ、モンバサなどがある。もともとは、1834

図表5－10　ティーオークションの歴史的な流れ

国　名	オークション名	期　間	備　考
消費者オークション			
オランダ	アムステルダム	1833年～1958年	インドネシア茶中心
イギリス	ロンドン	1834年～1998年	1834年～1838年中国茶 1839年　インド茶上場 1878年　セイロン茶上場 第二次大戦後は1951年4月再開 1951年～1998年6月まで、世界の茶上場
ベルギー	アントワープ	1959年～1971年	
ドイツ	ハンブルグ	1960年～1965年	
生産地オークション			
インド（北東）	カルカッタ（現在コルカタ）	1861年12月～現在	毎週月・火曜の2日
	ガゥハティー	1970年9月～現在	毎週水曜日
	シリグリ	1977年～現在	国内取引主体
（南）	コーチン	1947年7月～現在	毎週火曜日
	クーナー	1963年3月～現在	国内取引主体
（北西）	アムリッツアー	1964年4月～現在	北西インド茶（緑茶主体）
バングラディシュ	チッタゴン	1949年7月～現在	毎週火曜日
スリランカ	コロンボ	1883年7月～現在	毎週火・水曜日の2日
ケニア	ナイロビ	1956年11月～1970年	1956年にナイロビに開設 1970年からモンバサに移転
	モンバサ	1969年7月～現在	毎週火曜日、ケニア、ウガンダ、タンザニア、ルワンダなど
マラウィ	リンベ	1970年2月～現在	アフリカ産茶
インドネシア	ジャカルタ	1972年12月～現在	毎週木曜日

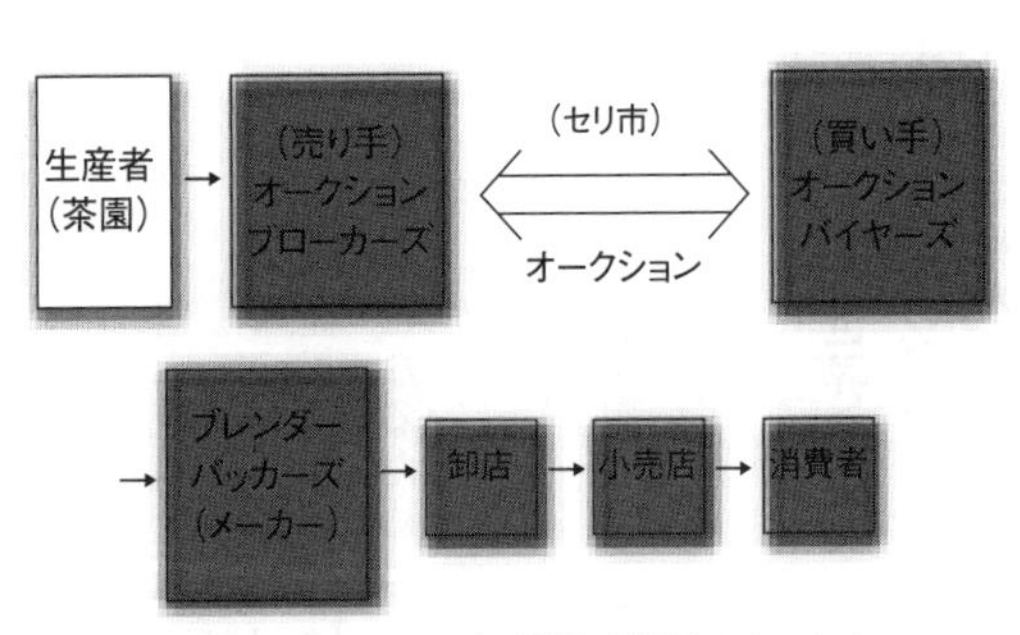

図表5－11　紅茶取引所のしくみ

年に開設された消費地オークションとしてロンドンにもあったが、1998年6月をもって廃止、現存するのはすべて生産地オークションとなった。

ティーオークションの歴史的な推移を図表5－10に示す。

紅茶取引所は、生産者（茶園）の代理人としての『オークションブローカー』（セリ人）と、国内や海外の買い手の代理人としての

『オークションバイヤー』（買い付け業者）との間で真剣勝負が繰り広げられる。

むろん買い付け業者同士の勝負もこれに含まれる。海外市場で直接買い付けができるのは、いずれも商工会議所や、現地のブローカーズ／茶商組合に登録された組合員（メンバーズ）のみに限られており、日本人が現地のオークション現場で直接、買い付けをすることは不可能である（必ず現地で登録された公認の「バイヤーズ」を通さねばならない）（図表５―11）。

⑶　オークション以外の取引（プライベートセール）

ティーオークションを通した取引のほかに、「プライベートセール」（限定された私的売買契約）が重視されつつある。しかし、２国間での一種の「長期契約」（昔のバーター取引、最近ではほとんど実例がない）は特例として認められている。

プライベートセールとは、海外の買い手の依頼を受けたバイヤーズ（輸出業者）が、オークションを通さず、直接エステート（茶園、もしくはエステート所有会社）または、エージェンシー（代理業者）と交渉して買い付けることである。多くは小口の取引である。

売り手は、オークションに上場するよりも高値での取引が予想されれば、バイヤーズと直接売買交渉し、期待通りの交渉ができなければ、再度オークションに上場することが可能である。いずれにせよ、メリットとしては、売り手はより有利な価格水準での取引と、早めの代金収入が期待できる。

一方、買い手側からもオークションで競売にかかる前に希望する品質の茶が手当てできるというメリットがあり、また、交渉いかんでは、オークションで値が釣り上がる前に有利な価格で買い付けることも可能となる。

実際にこの取引の対象となっているのは、輸出用のアッサム茶、時季もののダージリン茶、そして、セイロン・ハイグロウンティー（高地産茶）などである。

(4) オークション価格の動向

オークション会場は、最初はロンドン（1834～1998年）、アムステルダム（1833～1958年）、ハンブルグ（1959～1971年）など茶貿易の中心都市にできたが、現在はこれらすべて閉鎖され、主要産地に近い都市であるコルカタ（1861年）、コロンボ（1883年）、モンバサ（1970年）などで開催されていること

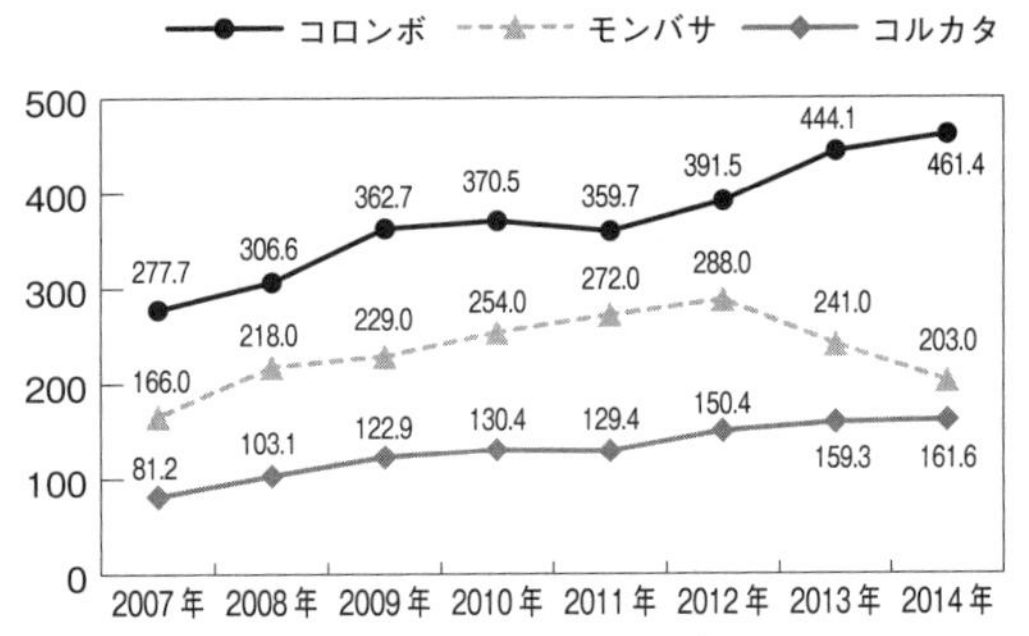

資料：「ANNUAL BULLETIN OF STATISTICS」
International Tea Committee,London
注　：年間平均の値。単位は、コロンボ＝SL Rs/Kg、モンバサ＝US Cts/Kg、コルカタ＝Ind Rs/Kg。

図表5－12　各地のオークション価格の推移

は前述の通りである。図表5—12に取り扱い上位3会場（コロンボ、モンバサ、コルカタ）での最近のオークション価格の推移を示した。

オークションでの取引量の首位は永年コロンボであったが、2003年以降、モンバサに移っている。オークション価格を見てみると、2012年までは3会場とも軒並み上昇している。高騰の要因は肥料、燃料、人件費などのコスト上昇に加え天候などで、各国とも総体的に高騰している。

コルカタの06年から09年の平均価格の上昇率は153％で、クオリティーシーズン入りの4月からの上昇率が大きく目立つ。09年の高騰は、干ばつによる減産が主因である。その後も上昇は収まることはなく、09年から14年の価格上昇率は132％である。

コロンボの06年からの平均価格の上昇は、184％ときわめて大きく、季節的な要因で変動はあるものの、07年を境に毎年大きく上昇している。07年から14年の上昇率は166％となっている。

一方、モンバサでは、06年からの上昇率は131％とやや低い。07年は大幅増産により価格が下がったが、雨不足などによる減産で上昇した。しかし、08年以降、高止まりの状態となっている。

3 主要生産国の概要

(1) インド（図表5—13）

インドでの紅茶生産は、1830年代にイギリス東インド会社により始まり、世界最大の紅茶生産国となっている。

紅茶の生産地は北東インドと南インドに大別され、アッサム州、西ベンガル州（ダージリン、テライ、ドアーズなど）の北東インドが約7割、ターミナルドゥ州、ケララ州など南インドが約3割を占めている。

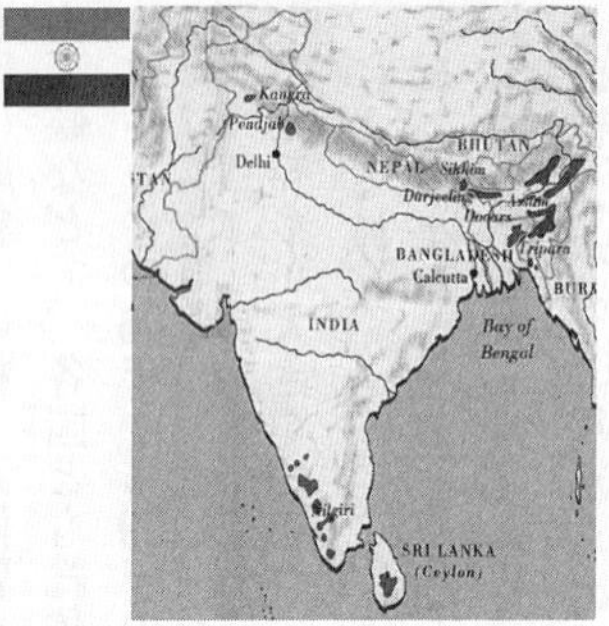

地図参照：「The Book of Tea」

図表5－13　インド共和国

南インドでは年間を通じて紅茶が生産されているが、北東インドでは冬期は気温が下がり、芽があまり伸びないので生産を休止する。生産地や季節によって実に多様な紅茶が生産されているが、東ヒマラヤ山脈のふもとで生産される香りの高いダージリン茶、大河ブラマプトラがもたらす肥沃な地アッサム渓谷で育まれる力強いアッサム茶、ターミナルドゥ州高地、「青い山」を意味する、ニルギリで生産される爽快さとコクを併せもつニルギリ茶がとくに有名である。

アッサム地方は、ブラマプトラの流域と、スルマ河の流域とに大別される。通常アッサムという場合はブラマプトラ流域一帯のことをいい、スルマ流域一帯の地域名はカチャール、トリプラ、それに現在のバングラデシュに帰属するシルヘットなどで知られている。

1823年アッサム地方の奥地で野生の茶樹が発見され、以降、茶園が作られるようになった。

インドの総生産量は、2014年でみると世界総生産量の23・4％の120万7000tである。

「緑茶」は北西インドのカングラ渓谷のカシミール高原とデラタン、クマオンの山岳地帯で生産され、カシミール、ネパール、チベット、アフガニスタンなどで消費されているが、近年は北アフリカにも輸出されている。

インドは、一説によると茶の原産地の一つともいわれており、その歴史は古い。最初は、中国から茶樹や種子を輸入しアッサムに植えつけられたが、1832年、ブルース少佐のアッサム原種の発見により、当時のインド総督ベンティンク卿が茶業委員会を作り、アッパーアッサムを適地として中国雑種の栽培を進めたのが、その由来である。

その後、当時英国政府を代理としてインドを支配していた東インド会社の援助により本格的な茶園の開発が始まり、1855年には、アッサム地域からスルマ・ヴァレーのカチャール、シルヘッドに及び、やがてダージリンにも植えつけられ、そしてドアーズ地方にも延びて、今日の北東インド茶産地帯ができあがった。

一方、南インドはニルギリを中心に植えつけた茶産地を形成するにいたっている。

インドは、わずか100年で世界のトップ紅茶生産国となったが、これは英国の大資本と科学技術とによる大規模エステートの開発（プランテーション産業）によるものである。インドにおける茶産地を大別すると、次の通りである。

・北インド……ダージリン、ドアーズ、テライ、アッサム、カチャール、トリプラ
・南インド……ニルギリ、カナンデヴァン、トラバンコール、ケララ
・北西インド……カングラ、デラタン、クマオン、ガーワル

また、インドの2014年の生産量の内訳は、北東インド96・5万t、南インド24・2万tとなっ

写真提供：Tea Board India

写真５－１　ダージリンの茶園

ている。輸出茶の大部分はコルカタ（カルカッタ）、ガウハティーノのオークションに上場され、南インドはコーチン、クーナーのオークションに上場されて海外へ積み出される。しかし、オークションを経由しない私的な取引（プライベートセール）も10％程度ある。インド茶は、コルカタ、コーチン、チッタゴンの3港から積出される。

インドの主産茶の特徴を示す。

① ダージリン茶（写真5—1）

産地は、インド西ベンガル州最北部のブータンとネパールにはさまれた東ヒマラヤ山麓の標高500～2000mの高地で、はるかにヒマラヤ山脈の秀峰「カンチェンジュンガ」に対面する高原一帯で生産された紅茶をいう。この地形が日中の直射日光と夜間の低温による寒暖の差を激しくし、このために発生する霧と空気が、優雅で独特の味と香りを作り出している。

茶樹は主に中国種、茶園数は83あまり。作付面積は合計2万ヘクタールで、年間の生産量は約8000tである。

デリケートではあるが独特で優雅な香り（スグリ、マスカットブドウの香り）を有する世界3大銘茶の一つである。形状は、小型のものもあり、チップス（芯芽）を多く含んだもの、太い葉のものもありさまざまである。

伝統的あるいは古典的といわれる製法（オーソドックス）では、葉の形状をなるべく崩さないようにていねいに揉む。とくに理想的な摘採法による、よくよれたティップの目立つ細身の形をTGFOP（ティッピー・ゴールデン・フラワリー・オレンジペコー）やSFTGFOPなどとして珍重する。

全葉タイプの製品の80％はOPと呼ばれるリー

フタイプで、水色はやや薄めのオレンジ色、あるいはオレンジ色をしている。

一番摘み（ファーストフラッシュ）のダージリン茶は、冬の厳寒期後の3月中旬～4月上旬に生産される。水色がオレンジ系で淡いが新鮮で若々しく、力のある香味をもっている。

二番摘み（セカンドフラッシュ）は5～6月期に生産され、十分な気温と強い日照によって年中でもっとも特徴的な高級品が期待できる。葉も多少はしっかりしてきて、水色は明るく、幾分濃い目のオレンジ色になる。味はやや渋味が増し、コクもでて、最良のものはマスカテルフレーバー（マスカットブドウを口に含んだ時のような香り）といわれるフルーティーな芳香が特長である。チップスを多く含んだ良品は、水色は淡くとも「紅茶のシャンパン」と呼ばれている。

7～8月は雨期で品質は平凡だが、9～10月のオータムナル（秋摘み期）には、山側の乾いた空気が吹き込み、わずかな香りのある茶ができる。しかし、芽の成長は遅く収穫量は少ない。茶葉も厚くしっかりして、味には渋味が加わる。水色はやや赤みがかかった濃い目になる。

②アッサム茶（写真5―2）

インド北東部アッサム州（北のヒマラヤ山脈、南東のミャンマー国境のナガ山脈を流れるブラマプトラ河の流域両岸、通称アッサム渓谷）で生産された紅茶全体をいう。

外観は平均してよい（堅く、よく締まり、灰色がかった黒色）。モルトのような甘い香味が強く、濃厚な水色とコク味のため、すべての茶のブレンドに適し、利用価値の高い茶である。

栽培地域の標高は50～500mで、気候は亜熱帯

写真提供：Tea Board India

写真５－２　アッサムの茶園

モンスーンと世界でも有数の雨量の多い地域である。

茶樹は、主にアッサム系大葉種（1823年、英国人ブルース〈M. R. Bruce〉がシブサガールの近郊にて発見した）。茶園は7地域、616エステート19万ヘクタールで、生産量は約40万tと世界最大の紅茶生産地である。

製法は、オーソドックスが10％、CTC90％の割合で、茶葉の特色としては、リーフの主体はBOPで形状は固く締まり、黒みを帯びたツヤのある品が多い。

水色は、褐色を帯びた濃い紅色・赤みの濃い水色をしており、アッサム系の茶の特徴は、2番摘み期はオレンジ色で、秋摘み期は赤バラ系の水色を呈する。やや甘い柔らかな香りで、甘味の強いコクのある味わいである。

一番摘みである4～5月のアッサム茶の特長は、なんといっても甘味の強いコクと力強さ。濃い赤褐色の水色と、甘い柔らかな香りと濃厚な飲みごたえがミルクとの相性を抜群にする。

そして、アッサム特有のパンチの効いたコクと濃い水色は、5月末～6月の二番摘み（セカンドフラッシュ）のもの。水色と味は強い一方で、香気がマイルドなので、甘いミルクティー向きであり、多くはブレンド用に利用される。品質的には、リーフスタイルもCTC紅茶もセカンドフラッシュの製品が、この系統の紅茶のなかでは高水準である。

7～9月が雨期で、10月の秋摘み期は、赤バラ系の水色を呈する。11～3月は低温と乾燥休眠期となる。

③ ニルギリ茶（写真5—3）

インド南部タミールナドゥ州の西ガーツ山脈、インド洋に近いケララの近くの丘陵部、標高

写真提供：Tea Board India

写真5－3　ニルギリの茶園

1200〜1800mのニルギリ（土地のことばでブルーマウンテンと呼ばれる「青い山の意味」）高原で栽培される。

気候風土とも南に位置するスリランカに近く、セイロン紅茶と同じようなタイプの紅茶が生産されている。年2回のモンスーンのうち、北東モンスーンの後の12月末から翌年の1月にかけて良質の茶が生産される。耐寒性のある中国種が多いため、水色は明るく、セイロン茶に似たまろやかでクセのない味わいが特長。とくに高地のウータカムンド（ウーティー）より西側の地区の茶園の製品は、香りはよいが水色は薄く、味も淡白である。

1〜2月のクオリティーシーズンの紅茶は比較的スリランカの気候に近いために、ディンブラ紅茶に似て好まれる。クーナーに近い東側のクオリティーシーズンは7〜8月で、ウバに似た紅茶が作られる。味・香りともクセがなくマイルドで、ストレートティーはもちろん、ミルク・レモンでも好みに合わせて味わえる。

茶園は統計区分のニルギリでは3万5000ヘクタールで、周辺部も含め生産量は約9万tで、ほとんどの茶園で「日陰樹」が植えられている。これらはオーソドックス製法が多い（南インド全体ではCTC製法が多い）。

茶樹については、ウーティーから西斜面の茶園は中国種が多く、東斜面のクーナー地区はアッサム雑種が多い。

④ ドアーズ茶

外観は黒く、口当たりのよい、芳醇なコクと強い茶。水色良好なため、ブレンド用原茶の一種。

⑤ テライ茶

葉が小型で黒く、ドアーズ茶に近似のよい水色。

図表5－14　スリランカ民主社会主義共和国

⑥ カチャール茶

アッサム茶ほど良品質のものでなく、芳香は劣る。あっさりした味、水色はやや薄いが良好。外観は灰色がかった黒色で、ブレンド増量用に使用される。

(2) スリランカ（図表5－14）

光輝く島、スリランカ（1948年2月独立）は、「インド洋に浮かぶ真珠の島」と呼ばれ、洋梨の形をした南北300マイル、東西150マイルの全島が緑に包まれた美しい小さな島である。この島の約19万ヘタクールの土地に茶が栽培されている。

国名はスリランカであるが、紅茶に関しては旧国名のままセイロン茶と呼ばれている。日本に輸入されている紅茶の約60％強がセイロン茶で、鮮やかな水色とデリケートな香りは、日本人が抱く紅茶のイメージそのものを形成してきたといえよう。世界でみても総生産量の8％以上を占めている。したがって、スリランカにおいては、茶はもっとも重要な産業で、年間外貨収入の多くの部分を茶に依存している。

代表的な産地としてディンブラ（西部ハイグロウン）、ウバ（東部ハイ&ミディアムグロウン）、ヌワラエリヤ（中央ハイグロウン）、ウダプセラワ、キャンディ（ミディアムグロウン）、ルフナ、サバラガムラ（ローグロウン）の7カ所があげられ、とくに1～3月産のディンブラ茶、ヌワラエリヤ茶、7～8月産のウバ茶は季節的高品質茶として注目される。

現在スリランカ茶業局では、高地産茶（ハイグロウンティー）はウバ、ディンブラ、ヌワラエリヤ、ウダプセラワで、中地産茶（ミディアムグロウンティー）はキャンディ、そして低地産茶（ローグロウンティー）はルフナ、サバラガムアの7産地に分類して管理、プロモーションを実施している。

歴史としては、19世紀の中頃までコーヒーのプランテーションで繁栄したが、当時は茶園栽培に関心をもつ人が少なかった。セイロン紅茶の父と称せられるジェイムス・テーラーが、1867年キャンディ郊外のルールコンデラに、19エーカーの茶園を開いたのが商業的栽培の始まりである。その後まもなく「枯凋病」でコーヒー園が全滅し（1869年）、その跡地に茶園が注目された。75年にスリランカ政府によりすべての茶園は国有化され、キャンディを基点に南の高地につぎつぎと拡がり、わずか100年の間にインドに次ぐ世界第2位の紅茶の大産地となった。95年に茶園の経営が再度民営化された。

紅茶生産地は、島の南半分が中心で、製茶工場のある標高により紅茶製品が1200m以上のハイグロウンティー、600~1200mのミディアムグロウンティー、600m以下のローグロウンティーに分類され出荷される。

・高産地〈4000フィート〈1220m〉以上、茶園割合20％〉＝ハイグロウン……明るい水色、セイロン紅茶独特のデリケートな味と高い香気。茶園の品種は中国系の茶樹。生産量は約8万t。

・中産地〈2000~4000フィート〈610~1220m〉、茶園割合40％〉＝ミディアムグロウン……渋味は少ないが、強い味、コクがある。芳醇な香気、ブレンドのベース。茶園の品種はアッサム種と中国種の交配種のハイブリッドが普及。

・低産地〈2000フィート〈610m〉以下、茶園割合40％〉＝ローグロウン……一般的に黒い茶葉、香や味にクセがない。水色は濃い。反当たり収量が多く、ブレンド用、増量用に欠かせない。2014年の生産量は、高地産茶7万9000t（23％）、中地産茶4万9000t（14％）、低地産茶21万t（62％）である。

また、スリランカ最高のピドルタラガラ山（2524m）の山脈が分水嶺となってモンスーン（季節風）を遮り、東と西の異なった生産地帯を作り出している。これにより、西部産、東部産という分け方もする。

・東側産地……ウバ、バドウラ、ハプタレ、ヌワラエリヤ東南部のクオリティーシーズンは7月下旬~8月中である（南西モンスーンのため豪雨期に入り西側の生産は中断する）。

・西側産地……ヌワラエリヤ、ディンブラ、ディコヤ、マスケリヤなど西部のクオリティーシーズンは1～3月である（東北モンスーンのため東側は豪雨期に入り生産は中断する）。

セイロン紅茶はコロンボのオークションにかけられ、大部分はコロンボ港から積み出される。オークションは、毎週月、火の2日間開かれ、スリランカ茶生産の約80～90％が上場される。プライベート取引は増えている。

人種抗争（シンハリ族とタミール族）は、根深い問題を抱えていたが、２００９年７月に停戦合意ができ、現在は平和を取り戻した。

① ウバ（写真5―4）

ダージリン・キーマンに並ぶ世界3大銘柄茶の

写真提供：日本紅茶協会

写真５－４　ウバ　ハイランズ

一つで、爽快な渋味とコクのある味わい、美しい水色が特長。

ウバ地域とはスリランカ中央山岳地帯の南東地全域を指し、標高1000~1700mのスリランカ南東部ウバ州である。ウバ茶の生産地帯としての通称では、ヌワラエリヤの外周丘陵部の東側からバドゥラまでの一帯と、南端のハプタレ一帯を指す。

茶園は10エステートで、ダンバテン、ウバハイランズが代表的な茶園である。茶樹は主にアッサム小葉種で、ローターバーンを取り入れたオーソドックス製法が採られている。世界三大銘茶の一つに数えられ、珍重される紅茶は、マルワッタ・ヴァレーと呼ばれる一帯で生産されたものが多い。

例年5~9月の南西の季節風が海の水分を吸って雨雲をもたらし、島の南西部ディンブラ・ディコヤの斜面に大量の雨を降らす。山を越えるとウバ地区は乾燥期を迎え、乾いた空気がこの地区に吹きつける。乾燥期には明け方摂氏5度くらいまで気温が下がり、湿度の低い風が吹く。日中の高温と夜間の冷気のために霧が発生しやすく、このためにウバフレーバーと呼ばれる、強くて甘い香りが活きる。涼しく乾いた風が40日続くと茶園全部が芳香で充満し、一度雨が降ると消えてしまうといわれている。

茶葉はツヤのある茶褐色、BOP・BOPFで、水色は透明で明るく橙色、もしくは伝統的な真紅色（ピークのウバ茶は美しい鮮紅色〈ゴールデンリング〉が出る）。また、香りは、バラやハチミツなどの重厚な香気のほかに、生産量は極少ながら独特のメンソール（メチルサルチル系）の特有な香り（ウバフレーバーと呼ばれる）が加わり、好ましい刺激

写真提供：日本紅茶協会

写真5－5　ヌワラエリア

性のある渋味が世界的に珍重されている。

ウバ茶としてきわめて高く評価されるのは、7～9月の間1～2週間に限られるクオリティーシーズンである。赤みの濃いオレンジ色系の水色は、明るく澄んでおり、爽快な渋味と特有の香気とコクをもちミルクティーに合う。

②ヌワラエリヤ（写真5―5）

セイロンを代表する上品な紅茶として人気が高い。水色は、淡い橙黄色ながら高地産特有の味の強さをもっている。優雅でスミレやスズランの花のような強いフレーバーが最大の特長である。

産地は、スリランカ南西部の山岳地帯の中心にある避暑地で、標高1800～2000mと中央山脈のなかでももっとも高地に位置する。南東にウバ、西にディンブラの大茶園がある。

花とハーブの多い牧草地、原生林、高原地帯で、さわやかな空気とイト杉のふくよかな匂い、ユーカリプテスと野生のミントの芳香が漂っている。

茶園は12エステート・２０００ヘクタールで、茶樹は主に中国種である。製法は、ローターバーンを取り入れたオーソドックス製法で、揉捻はするが発酵の工程を省いて乾燥することが多い。そのため、発酵時間は揉捻にかける時間のみとなっている。

茶葉の外観の色は、多くは緑色が薄く残っているブロークンタイプである。水色は淡い紅色で、優雅で花のような強いフラワリー（花香のある）フレーバーをもつ。緑茶に似た爽快な渋味がある。

フラワリーな紅茶ができるシーズンが年２回（ウバ茶、ディンブラ茶のクオリティーシーズンの両方）、1～2月には最高級品が生産される。渋味が適度にあり、優雅でデリケートな花のような香りを楽しむことができる。

③ディンブラ（写真5―6）

色、味、香りのバランスがすばらしいセイロン茶の代表格。コクのある、まろやかな味わいと花のような香りが特長。

産地は、標高１２００～１７００ｍのスリランカ山岳部の南西斜面で、狭義にはタラワケレからの上部、広義にはマスケリヤ、ハットン、ディコヤを含むスリランカ南西部高地産の紅茶をディンブラ茶と総称することが多い。

気候は、南西モンスーンで、毎年1～3月の冷たく乾燥する気候がディンブラのクオリティーシーズンといわれる。茶園は79エステート、1万２０００ヘクタール、製法はオーソドックス製法が採られている。茶樹はアッサム雑種が多い。

茶葉はブロークンズ（ＢＯＰ、ＢＯＦＰ）、水色は明るく鮮やかな紅色で、まろやかな花のよう

写真提供：Sri Lanka Tea Boad

写真５－６　ディンブラ

な香りをもち、マイルドで強いフレーバーがある。ブリスク（心地よい刺激性と力がある）と表現される適度な渋味もあり、爽快感がある。

④ ウダプセラワ

ウバの端からヌワラエリヤに向かって伸びている地域。標高も１２００m以上の高地で北東モンスーンの影響を受ける。ウバとはやや異なる味で、コクのあるデリケートな風味が特徴。クオリティーシーズンが７～９月、１～３月の２回ある。

一般にこの高地の茶園では、冷たく乾燥した気候の恩恵で、付加価値の高い紅茶が採れる。

また、ウダプセラワの近隣、ヌワラエリヤの東の端にはマトラタがあり、奥地にはラガラなどの地区がある。

⑤ キャンディ

古都・最後のシンハラ王朝のあった都キャン

ディ付近で生産される。標高は700〜1400mの中高地で中地産紅茶の代表。スリランカで最初に紅茶が栽培された地域である。

近隣には、プセワラ、ヘワヘタがあり、強いモンスーンから守られ、水色は強めで、コクも強いのが特徴。ヘワヘタ地帯では南西モンスーンの影響で芳醇な香りをもつ。

また、周辺に位置するマタ－レ地区では、一年中水色の濃い、味の濃厚な紅茶が生産される。

⑥ ルフナ

スリランカ南部の標高約600m以下の低地に広がる地域でゴール、マタラ（海沿い）、デニヤヤ地区などがある。この低地産茶は、独特な強さと芳香をもつ、黒い茶葉が特長。主に中近東、ヨーロッパなどで愛飲されている。

暖かい気候と肥沃な土壌が金銀色の芯芽をつけ、濃い味でミルクティー向け、あるいはストレートで濃厚な甘い味を楽しむのもよい。

⑦ サバラガムア

ルフナと同様の低地産茶でラトナプラ、バランゴダ地区がある。

モンスーンが運ぶ強い南西風による被害防止のため、森がつくられて防御している。

よく捻まれた黒い茶葉で、明るい水色が特徴。芯芽を一つ一つ精選して摘み、乾燥させてから作る。シルバーチップ、ゴールデンチップスも生産されている。

(3) アフリカ（図表5—15）

アフリカ地域における茶業の発展は比較的新しい。それは英国が、わずか一世紀の間にインド、セイロン（スリランカ）の植民地を世界の大茶産

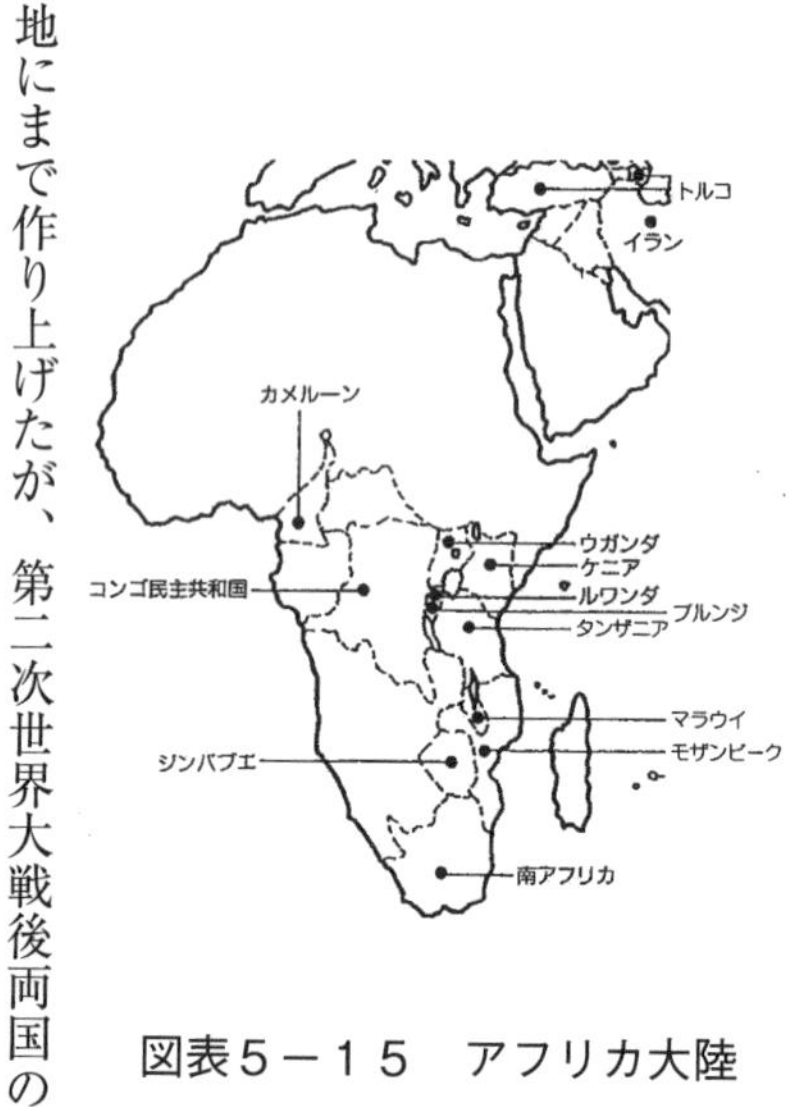

図表５－１５　アフリカ大陸

地にまで作り上げたが、第二次世界大戦後両国の独立にともない、外国人支配に対する国民感情や反英感情もあって、また、適地開拓の可能性が小さくなったことなどから、アフリカ大陸に新天地を求めて開発が進められたものである。アフリカの茶業は１９２０年代からであるが、この80余年間の発展には驚異的なものがあり、今後、急進するアフリカ茶の存在は世界の紅茶需給に大きな影響を与えていくものと考えられている。

まだ生産が軌道に乗ったばかりの１９３７年に、当時の国際茶制限協定にニアサランド（マラウイ）、ケニア、ウガンダ、タンガニーカ（タンザニア）が加入したが、発展途上にあったこれら国々には問題が多く１９４７年に同協定から脱退している。その後１９７０年の非公式取り決めによる輸出割当には積極的に参加したが、77年の世界的茶価の高騰でこれも廃止にいたっている。

①ケニア（写真5―7）

１９６３年イギリスから独立国となったケニアは、東アフリカの赤道直下にありマラウイに次ぐ新興茶産国である。

写真提供：日本紅茶協会

写真5－7　ケニア

１９０３年ケニアで最初に茶樹が植えられ、英国人Ｇ・Ｗ・Ｌ・ケインによってナイロビ北東部のリムルに最初の茶園が開かれた。このときの茶樹の一部が、今では大木に成長し、現在のユニリーバ社所有のマブルーキー茶農園の歴史的名物となっている。

１９２４年には茶樹の商業栽培が始まった。それまでは少数の個人農家がリムルとケリチョに小さな茶園を設けていたが、主として英国資本により開発されて、その後、急速に発展した。

１９５０年代にはケニア農業開発庁のもと「小農方式（スモールホールディングズ）」による茶樹の栽培が始まった。２０１４年における生産量は44万５０００ｔで、近隣諸国からの輸入（再輸出）も含めると49万９３８０ｔが輸出されている。生産地は、主としてニヤンザ州ケリチョ地方、キクユ州リムル地方などである。

ケニア国内で生産された茶のほとんどが港湾都市モンバサでのオークションを経てモンバサ港から輸出されるが、輸出先はエジプトが1番で、次いで英国、パキスタンの順になっている。

1989年には、それまで農産物輸出品第1位であったコーヒーに代わり、紅茶が輸出農産物第1位になった。

ケニア産の紅茶は、標高が高く、はてしなく広がる巨大渓谷「グレート・リフト・バレー」の西地区と東地区のケニア山（標高5200m）周辺の中部地域が主な産地で、西側はケリチョ、ナンディヒルズ、ニャミラ、ソティックなど、東側は、アンブ、ムランガ、ニェリ、メルー、ナクルである。

ケニアは赤道直下にあり、沿岸地域は熱帯性気候であるが、茶樹を栽培する高地では寒暖の差が激しく、水はけがよくて茶樹の栽培に最適な気候である。中部一帯は標高1700m前後の高原であるため、平均気温10〜28℃というしのぎやすい気候だ。雨期は1年に2度あり、3〜5月が大雨期、10〜11月が小雨期となっている。

茶園の作付面積は全体で13万9000ヘクタール、年間の生産量は約31万t。CTC製法により、1〜2週間に1回茶摘みが行われている。茶樹は主にアッサム種である。

水色は、明るく濃い赤色で、透明で明るい琥珀色に色づくものから、濃厚で刺激のあるものまで幅広い。爽快な渋味と、フレッシュな中にマイルドな香味をもつ。

お茶の生産は年間を通して行われ、平均して高い品質レベルが世界的に評価されている。とくに1月〜2月初旬の乾期の初めと、7〜9月に生産されたものに高品質のものが多い。

②ウガンダ

ウガンダは1962年にイギリスから独立した国で、東アフリカでケニアの西に位置する。茶樹は標高1000m内外の高原で栽培されており、主な産地はコンゴ国境に近いトロ高原と、ビクトリア湖に面したムベンディィ付近の高原地帯である。2014年の生産量は6万5000t、輸出量は5万7191tで、アフリカ第2位の生産量である。輸出はほとんどケニアのモンバサオークション向けに委託され積み出されている。

③タンザニア

タンザニアは、1961年にドイツから独立し、64年にタンガニーカとザンジバルが連合してタンザニア共和国となった。ケニア、ウガンダの南、ニアサランドの北にあたり、主産地はムフインディ、ルングイ、モンボである。2014年の生産量は3万6000t、輸出は2万5276tである。輸出先は主として英国、パキスタン、オランダである。

④マラウイ

マラウイは、アフリカ南東部の共和国である。1964年に中央アフリカ連邦と呼ばれるローデシアとニアサランド連邦のなかのニアサランドが英連邦の一国として独立した。タンザニア、ザンビアおよびモザンビークにはさまれた国で、標高700〜1500m以上の山岳地帯で茶は栽培され、主産地はムランジェ、チヨロ地方で、エステートの英国系と小農経営に分かれている。2014年の生産量は4万6000t、輸出量は3万9767tが記録されている。輸出はケニアのモンバサ港および、モザンビークのベイラ港から積み出され、大半は英国と南アフリカ向けである。

(4) インドネシア（図表5—16）

インドネシアは、17世紀からオランダの支配下にあったが、1950年8月独立国となった。インドネシアにおける茶の歴史は古く、1690年にオランダのカンフィス総督が、ジャワに茶を植えたのが始まりとのこと。その後1835年に中国種を導入したが成功せず、1882年にアッサム種をセイロン島から導入して増殖を図り、第二次世界大戦（1941年）前は、インド、スリランカ（セイロン）に次ぐ世界第3位の生産国（茶園面積は14万ヘクタール、生産量は8万t、輸出は世界輸出茶の8%）であった。

第二次世界大戦中は日本の占領下にあり、茶園は荒廃激減し、製茶工場も戦争で破壊されて大打撃を受けた。戦後も食糧不足のため復興が遅れたが、1947年頃からオランダ植民地時代のプランテーションはPTP（インドネシア国営農園）という政府機関によって復興した。一方で、ケニアの茶農家開発組織に準じた小農茶園経営の奨励も推進されている。また、伝統の華僑系茶園では、中国式緑茶が主に生産されている。

栽培面積は戦前の13万8000へ

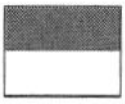

図表5－16　インドネシア共和国

写真提供：日本紅茶協会

写真５－８　ジャワティー

クタールに近づき、その８割はジャワ島にある（写真５―８）。

インドネシアの紅茶は、ジャワ島西部の山間部にあるバンドン市周辺の丘陵地帯で生産されるジャワティーと、スマトラ島メダンの南部タボ湖周辺のスマトラティーに大別されるが、スマトラティーは全生産量の20％に満たない。摘採は年中可能で、茶産業にとっての条件には恵まれているが、２０１４年の生産量は10万ｔ、輸出は６万６３９９ｔである。

インドネシア茶は外観がよく、黒色を帯びているが、香味ともに軽く柔らかで水色はやや濃い。近年は良質のものができているが、比較的価格が安く全体的に渋味の少ない、ソフトなアッサム系の紅茶で多くの国に輸出している。

ジャワティーの産地は、バンドン市周辺の丘陵地帯とプンチャック峠の西に集中している。気候は熱帯で暑く、湿度が高い。しかし、高地は涼しく過ごしやすい。

作付面積は11万ヘクタールで、生産量は約9万t。製法はオーソドックスとCTCが採られている。茶樹は主にアッサム系である。

茶葉は丸みを帯び、水色は明るい透明感がある。クセの少ないアッサム系の香りをもち、渋味の少ない軽い茶である。クオリティーシーズンである5～11月の乾期には、香りの優れた製品も生産される。

スマトラ紅茶では外観は黒く、硬く捻れ、茶葉のサイズは大きめである。水色は赤黒く、香味は若干アクがあり、セイロン低地産茶に似ている。

(5) 中国・台湾（図表5―17）

茶の起源は中国であり、現在まで4～5000余年の歴史をもっており、その間種々の変遷をみている。第二次世界大戦後についてみると、戦後は中華人民共和国として、国内政治体制を改めるとともに、茶業については積極的な振興政策を打ち出し、人民公社組織により生産、集荷を行い、国内販売、輸出も国営を通じて実施している。戦後は主として旧ソ連向けに輸出していたが、ソ連との国交が不調（1960年）となり停滞、1985年頃（昭和60年代）より復調した。一方、日本も日中国交が回復して以降ウーロン茶ブームになっているが、2001年には緑茶飲料が大きく拡大、これに関連して紅茶輸入も増加しつつある。

中国国土の東部海岸地域は、大部分が温帯モンスーン気候で、夏が高温多湿。北東部は冷帯気候、西部は乾燥気候である。中国の茶産地は、揚子江以南の山岳地帯が主産地で、生産地域はすこぶる広い。2014年の生産量は131万tを超え、この4年で28万tの増産である。

中国茶は、発酵度により次の6段階に区分される。

・緑茶（不発酵茶）……西湖龍井（セイコロンジン）
・白茶（弱発酵茶）……白毫銀針（ハクゴウギンジン）
・黄茶（弱後発酵茶）……君山銀針（クンザンギンシン）
・青茶（半発酵茶）……大紅袍（ダイコウホウ）
・紅茶（全発酵茶）……正山小種
・黒茶（後発酵茶）……雲南茶（プーアル茶）

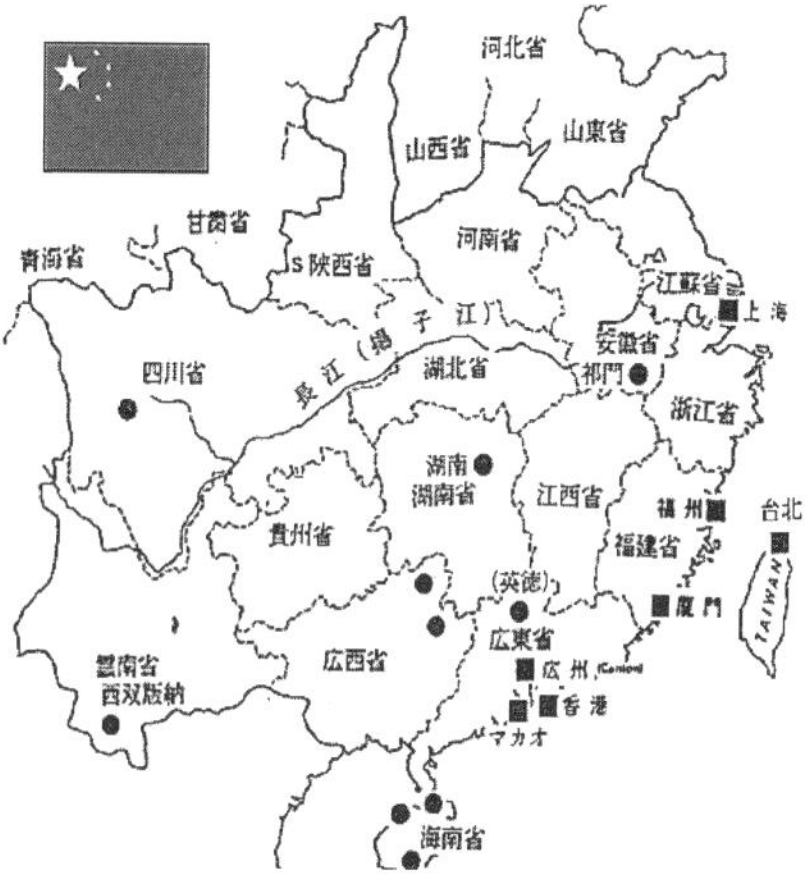

図表5－17　中華人民共和国

中国紅茶類のなかでさらに、工夫紅茶（コングー）、祁門紅茶、小種紅茶、正山小種、紅砕茶、分級紅茶と分類される。代表的な銘柄をあげる。

① 祁門紅茶（キーモン）

銘柄紅茶のキーモンは現在でも中国産の工夫紅茶の代表として知られている。

主な産地は安徽省祁門県からそれに続く石台、東至、黒多県、貴池などである。この産地はもともと、緑茶の産地であったが、1875年頃福建省から余干臣という人が来て、工夫紅茶の製法（オーソドックス）に習い紅茶製造を開始した。祁門の温和な気候、豊富な雨量と雲霧などの自然条件に恵まれているために、20世紀初頭から世界的に高い評価を得て、セイロンのウバやインドのダージリンと並ぶ世界三大銘茶の一つに数えられるようになった。

例年、春茶は4～5月に手摘みされ、製造工程を経て8月に出荷される。茶樹は中国種で、茶葉の特色は、中国工夫紅茶の名品で、形は締まりがよく、固く揉まれて色は黒い。

水色は明るいオレンジ・イエローがベースで、あでやかな鮮紅色である。最良のものは、蘭とハチミツが混ざったような甘い香りとスモーキーなかにも特有な香味がある。その香りとやや渋味のある味わいは、キーマンならではである。

②正山小種（ラプサン・スーチョン）

福建省に生産される特異な紅茶で武夷岩茶から派生してできたものであり、星村小種ともいう。小種とはもともと岩茶の一銘柄であったものが、紅茶のなかの一つの等級となった。したがって、これと岩茶との関係はきわめて密接である。ただ、製造工程で松柏と呼ばれる松の木の薫煙で香りを吸収させている。

③英徳紅茶（写真5―9）

工夫紅茶の製法を基礎に英国式ブロークンスタイルの製法を取り入れたもので、これが中国の分級紅茶（砕茶）と呼ばれる。広東省英徳県、雲南省、四川省などがある。茶樹は大葉種であるがアッサム種とも異なる。一般的にスモーキー（煙を含んでいるよう）な香りが特徴である。

④台湾

１００余年前に中国の福建省方面からの移住民とともに、茶の製法が伝えられたといわれている

写真提供：日本紅茶協会

写真５－９　中国　雲南省

が、現在の茶園の大部分は、１８９５年の日本統治後の総督府の品種改良と生産指導によるものである。総督府は日本の統治下となるや、茶業奨励に着手し、試験場を設置して栽培製造などの試験研究、品種の育成、苗木や肥料の無償配布を行い、茶業伝習所を設立して技術員を養成した。さらに茶業組合を組織して、製茶機械の無償貸与と共同販売を奨励するなど多大の助成処置を講じている。これにより台湾の茶業は急速に近代的な重要産業にまで発展した。

よって、当時の日本の財閥系商社（三井、三菱）などが拓殖に乗り出した。しかし、当時はウーロン茶、包種茶主体で、生産された茶の大部分はアメリカ、東南アジアに輸出されていた。本格的に紅茶の大規模な製造が開始されたのは、１９１２（大正12）年以降で、それまでの間は紅茶用品種（青心烏龍、大葉烏龍、青心大万、硬枝紅心）の選抜、インドのアッサム種の導入、植栽などであった。したがって、台湾の茶園は全茶園の93％は品種茶園で、うち60％は奨励品種である。

その後台湾の紅茶は、1930年頃から急速に広まり、品質も年々向上した。かつては茶の生産の半分が紅茶で占めるまでにいたったが、世界の紅茶需給のアンバランスによる茶価格の下落と緑茶（ウーロン茶も含む）輸出が安定したこともあって減少を続けている。1994年の全生産量は2万1900tで、うち輸出は20％の約4000tであったが、2000年の生産量は2万3349tと減少した。輸出は3000tである。14年の生産量は1000t、輸出は3738tあまりである。産茶期は、中南部において2月初旬に春茶の摘採が行われるところもあるが、だいたいは3月下旬より始まり、11月中下旬に終わる。摘採回数は通常春茶2回、夏茶5～6回、秋茶2～4回、冬茶1回で、全部手摘みである。

国内消費量は、すべての茶を含め4万1000t程度、1人当たり1・56kgと比較的多い消費量である。

(6) バングラデッシュ

1971年にパキスタンから分離独立、旧英領インドのアッサムにつながり開発された。栽培地域は主にアッサムの南側とチッタゴンの2地域で、面積は4万8000ヘクタールである。

生産時期は6～11月で、2014年度の生産量は、CTCが主要で6万4000t、うち緑茶300tあまりとなっている。国内消費が多く輸出量はわずか2660tである。

(7) ネパール

インドに接したヒマラヤ山岳部にあり、インド国境に近いカングラ地区ではダージリン並みの製品も造られている。近年、プランテーションの製茶工場が発展している。

2014年度の生産量は、主にCTCで2万t、輸出は1万8000tとなっている。

(8) トルコ

1938年旧ソ連グルジアから種子を持ち込み、黒海沿岸のリゼで栽培が始まった。紅茶は海岸地帯から1000mの急傾斜地で栽培されている。主に小農経営と国営工場で製茶している。品種は中国種とアッサム種の雑種。栽培面積は13万ヘクタールとかなり広い。国内消費の急増に対応し、生産量も増加している。

2014年の生産量は主にオーソドックスで22万t、輸出は4631tあまりで、ほとんど国内で消費されている。

1人当たりの消費量は2005年2・11kgから2012年3・18kgと消費量では世界一位である。

(9) アルゼンチン

アメリカ大陸では最大の茶生産国で、パラグアイ国境のミシオネス、コリエンテ州で生産されている。ほとんどがアメリカ向けに作られる。2014年の生産量は、オーソドックスが主で7万9000t、うち輸出は7万6000tとほとんど全量。

第6章

品質・規格・表示

1 品質審査

(1) 審査の目的

紅茶製品の全品質を審査し、鑑定することを「ティー・テイスティング・Tea Tasting」と呼ぶ。これは、素人が行い得ることではなく、長年の修練を経て認められた専門の『鑑定人』（「ティーテイスター」、「ティーメン」、または「ティー・エキスパート」）によってのみ行われるもので、次のようなさまざまな目的にしたがって、異なった手段で行われる。

・原料茶買い付けまたは売り込みのために行うオークション・サンプルの審査。
・紅茶のブレンド内容（比率）を決定するために行う手持ちサンプルの審査。
・製品化された紅茶の品質チェックのために行う審査。
・競合他社の製品内容をチェックするための審査など。

(2) 審査の方法

通常の業者の審査の方法としては、一例をあげると、採点基準を形状20点、水色20点、香気40点、味10点、殻色10点の100点満点とし、五感審査による比較審査で行う。

審査の仕方は、急須型の陶器の容器に通常3g（日本式、海外では大型の急須で6g）を入れて、熱湯（100℃）を150cc注ぎ入れ、5分（可溶成分を100％抽出）おいて茶碗に注ぎ、拝見盆に入れられた審査用茶の外観を見ながら、テスト用スプーンで抽出液を口に含み審査する。日本ではミルクなしのプレーン（ストレート）で審査することが多いが、ミルクティーの多い海外ではスキムドミルクを加え審査することが普通である。また、出し殻も審査の対象となる。

しかし、紅茶は飲むものであり、見るものではない時代なので、形状や外観だけを品質審査のポイントにする必要はない。一方、出し殻を見ることによって製造工程上の問題点（欠点）を知ることが容易であり、殻色が悪いのに品質のよい茶は決してないので、品質を見るためには重要である。品質を見分けるには、長年の専門的経験と熟練が必要である。専門家のテイスターとなるには、世界各国の生産地を知り、各国、各地の茶に精通し、記憶（ファイル）をする必要があり、たとえば、インド各地で5～10年修業し、スリランカで3～5年間、さらに各国の消費地を訪ね、ブレンドと水質を研究し、最後にロンドンで総合的な訓練や経営指導を受けて一人前となり得るといった具合である。

(3) 審査の基準

① 外観

図表6―1のように良否が分けられる。ただし、一般的には、中国系の茶、高産地茶、夏期産の高級茶は「多少赤味を帯びた茶褐色」で、水分含有量が少ない。アッサム系の茶、低地産茶、春・秋産のものは「紫がかった黒色」で、水分含有量が概して多い。

② 水色

図表6―2のように良否が分けられる。一般的

図表6－1　審査の基準（外観）

良いもの	悪いもの
1. 手ざわりが重い	1. 手ざわりが軽い
2. 光沢がある	2. つやがない
3. 型が揃っており、良く揉れている	3. 型が不揃いで揉れないで開いている
4. 木茎等の混入がなく、チップが多い	4. 木茎等の混入が多い
5. 赤味を帯びた赤褐色、または紫がかった黒色	5. 著しく茶色や黄色を帯びたもの

図表6－2　審査の基準（水色）

良いもの	悪いもの
1. 真紅色でサエがある	1. 黒味を帯びている
2. 透明である	2. ニゴリがある
3. 濃い方がよい	3. 薄い色である
4. 薄めてもノビが効く	4. ノビが効かない
5. ミルクを入れた時サエた明るい褐色を呈する	5. 黒ずんだ色になる
6. 冷えるとミルクダーウンを生ずる	6. ぼんやりした色になる
7. カップの縁にコロナができる（ゴールデンリング）	7. コロナがでない

には、中国系の茶はアントシアニン色素が多く「濃紅色」を呈し、アッサム系の茶は、フラボン色素が多く「黄味」がかったものが多い。

ただし、アッサム茶はユニークで、二番茶は橙黄色、三番茶は赤バラ系の色を呈する。ダージリン茶は、ほかのどの紅茶と比べてもカップの水色は薄い。

また、よい茶は、テアフラビンとテアルビジンの比率が、1対10といわれている。

※テアフラビン……発酵の工程でタンニンの内のカテキン類が酸化発酵して生じる黄色の化合物で、紅茶の品質、収斂（しゅうれん）性、明るさに関係するもの。

※テアルビジン……テアフラビンが濃縮されてできた赤褐色の化合物で、抽出液の強さ、コク、水色などに関係するもの。

2 規格（等級区分）

規格表示については品質の厳密な規格はないが、等級区分はある。形状・外観を重視した時代の茶の等級区分は、そのまま品質や品種の良否を表していたが、量産化時代の最近では、茶葉の大きさと、外観を表示するにとどまっている。しかし、まだ世界的な等級表示が統一されていないので、正確な等級表示は国によって異なっているが、タイプによる名称は図表6—3の通りである。

(1) 等級区分とは

紅茶の等級区分は、製茶工場でできあがった「荒茶」を、「仕上げ茶」（ブレンド原料茶）として再生仕上げする段階で篩分（しぶん）機にかけて、茶葉を同じ

図表6－3　等級表示の名称

名　称	略号	型
SOUCHONG （スーチョン）	S	太くゆるやかに揉れた茶
PEKOE SOUCHONG （ペコースーチョン）	PS	太く短かく揉れた茶
PEKOE （ペコー）	P	ゆるやかに長く揉れた茶
ORANGE PEKOE （オレンヂペコー）	OP	硬く細長くよく揉れた茶
BROKEN PEKOE （ブロークンペコー）	BP	砕かれたP型
BROKEN ORANGE PEKOE （ブロークンオレンヂペコー）	BOP	細かい芽先とOPの砕かれた茶
BROKEN TEA （ブロークンテー）	BT	やや軽い葉の砕かれたもの
FANNING （フアンニング）	F	細かい葉の混った粉茶
DUST （ダスト）	D	細かい粉茶

形状とサイズのものごとにふるい分け、それぞれの記号その他をつけて分類する。この工程を一般に紅茶の等級区分といっている。また、今日の等級区分記号（OP、BOP）は茶葉の「大きさ」と「かたち」を表す記号にすぎず、その違いによって茶葉の品質の善し悪し（特級、1級）を表すものではない。国際的な紅茶の取引や茶葉のブレンディング（配合）を行う専門家たちにとっては、工場から出荷される紅茶製品に、等級区分記号以外に茶園名などがつけられることにより、とても重要な情報となる。つまり、紅茶の等級区分表示は、あくまでも直接売買を担当するプロフェッショナルの便宜のためにあるもので、消費者の立場からはかならずしも重要なものではない。

また、紅茶の製造方法の違いにより等級区分の仕方と記号が違う。紅茶の製造方法には大きく分けて「オーソドックス製法」と「アン・オーソドックス製法」（CTC製法）があるが、いずれも「篩分機」に仕組まれた「ふるい」の目のサイズ（メッシュ）によって大きめの茶葉や小さめの茶葉、ごく小さな茶葉、などに区分されるのである。ちなみにオーソドックス製法の篩分機のメッシュは#8、10、12、14、16、18、24、30が主流で、製茶工場により、あるいは篩分機の種類により、これらの「組み合わせ方」が異なっている。

現在「国際統一基準」がなく各国、各茶園により異なるなどの問題があり、ISOの将来的な課題の一つとなっている。

茶園で摘みとられた茶樹の生葉は、工場内で製茶され、まず「荒茶」ができる。この荒茶は、大きい葉、小さい葉、微粉末から、余分な繊維質（茎や葉脈など）にいたるまで、あらゆるものが入り混ざった状態をいう。「荒茶」はそのままでも飲用として使うことは可能であるが、熱湯をいれた場合、一般的には「大型の茶葉」（OPなどリーフタイプ）ではカップ水色は薄く、抽出に時間がかかる。一方、「小型の茶葉」（BOPなどブロークンタイプ）はカップ水色や味も濃く、抽出の時間も短くてよい。そのために大小の茶葉が入り混ざった状態では、常に安定した紅茶の抽出液が得られない。

(2) 歴史的な移り変わり

もともと「等級区分」の概念は、中国で手指や足などを動員して特殊なチャを造っていた頃に「品質や品種を表すもの」として使用されていた。インド・アッサムで中国式紅茶の製造法を伝習した1840年代には、5種類（ペコ、スーチョン、コングー、ボヒーに、カンポイは「特選コングー」の意で短期間に使われた言葉）の全葉スタイルの荷口にそのまま使用されていた。

そのうちアッサムでは、ロンドン茶市場でこれまで「無用のもの」とされていたブロークンタイプや粉っぽいファニングズが高値で販売される傾向がわかったために、1864年までにイギリスへ輸出された紅茶のうち、全葉スタイルは半分にまで減少した。そして、とくに1870年頃には「竹製のふるい」が「真鍮のメッシュ」に代わり、75年には「自動ふるい分け機」が開発された。

1900年代に入って、イギリス市場はじめ国際的な紅茶の需要が「小型ブロークンズ」中心となり、大型のリーフタイプの茶葉がいよいよ売れなくなってきたことや、茶葉を海上輸送するために輸送船の「積み荷の容積」を効率化するために、かさの高い大型のリーフよりも、小型のブロークンズを主体とした取引が盛んになっていった。

１９３０年代以降は、紅茶の生産効率をよりいっそう高める目的で、生葉を切揉するための機械（ローターベイン、ＣＴＣ機など）の開発が進められた。その結果、１９４５年以降の大型リーフの生産量は、年とともに減少していった。

１９６０年代に入って「ティーバッグ」が多量に販売されるようになり、１９８０年代には世界的に「切揉された小型のブロークンズ」や「ＣＴＣ茶」（小型のファニングズ、ダスト）の生産が圧倒的な比率を示し、「大型のリーフ」（ＯＰサイズの茶葉）は北東インドのダージリンやアッサムの一部、中国・安徽省や雲南省を中心に生産され、伝統的な等級区分とその記号が残っていて、ＯＰ（オレンジペコー）の記号の前後には、さまざまな「ほめ言葉」（例・ＦＴＧＦＯＰ―１など）が生産者の都合によってつけられている。

また、昔の文献資料には、生葉の部位を最上部の芯芽・ＦＯＰ（彩花白毫）にはじまり、その下の第一葉・ＯＰ（橙黄白毫）、第二葉・Ｐ（白毫）、第三葉・ＰＳ（白毫小種）などと「挿絵」で説明されている。これらは１５０年以上もの昔、中国で特定の時季に少量の特殊な全葉タイプ（ホールリーフ）茶葉を造るとき、「特定の部位の生葉のみ」を１枚ずつ丹念に摘みとらせるための「目安」とされた。今日では全葉タイプに仕上げることが例外的ともいえる時代で、大部分の茶葉を「一芯二葉摘み」、または「一芯三葉摘み」の生葉を原料として、機械を使って量産し、ふるいを使って「茶葉の形状・サイズ」により区分をしており、それがそのまま「最良品である証し」ではない。品質の良否は専門家が鑑定の上で決める。

(3) 等級区分用語

現在使用されている主な等級区分用語は以下の通り。

・OP……針金状で堅く細長く、よく撚られた大型リーフ。若い葉で葉肉は薄く、淡いオレンジ色またはシルバーの芯芽を含む、上級品が多い。サイズ7～11㎜。

・BOP……芯芽を多く含んだ良品が多い。よく撚られてカップ水色も濃く、香味も強い。ポピュラーな形。サイズ2～3㎜。

・BOPF……BOPのふるいの下に出たもの。カップ水色は一段と濃く、香味も優れ、スピーディーに出やすい利点があるため高級ティーバッグなどに使われる。サイズ1～2㎜。

・D……ふるいの下に残った細かい粉茶状の茶葉で、等級区分のなかで最小のもの。サイズ0.5～1㎜。

3 表示

日本で紅茶を販売するには、原産国表示、正味量表示と品質表示（条令が制定されている都、県）などが義務づけられている。

2001（平成13）年4月1日施行の改正JAS法対応について、行政機関と日本紅茶協会にて協議・確認された、枠内一括表示をするものについて図表6－4のように示す。

①名称……紅茶

②原材料名……1)、2)の区分により、原材料に占める重量の割合の多いものから順に記載。

1) 食品添加物以外の原材料は、そのもっとも一般的な名称を記載。ただし、原材料が一種類のみの場合は省略することができる。

2) 食品添加物を使用した場合は次により記載

ア食衛法施行規則別表第5に掲げる添加物については、物質名およびその用途名を記載。

イ以外の添加物にあっては、物質名を記載。

ウ栄養強化の目的で使用される添加物、加工助剤およびキャリーオーバーは省略することができる。

③内容量……グラム（g）、キログラム（kg）。

④賞味期限……製造から賞味期限までの期間が3カ月以内のものは、年月日を記載し、3カ月を超えるものは、年月の記載でもよい。

⑤保存方法……製品の特性にしたがって、「直射日光及び高温・多湿の場所を避けて保存してください」などと開封前の保存方法を記載。ただし、常温で保存するものは、常温で保存する旨を省略できる。

⑥原産国……輸入品および外国産荒茶を原料に用いて仕上げした場合に表示する。ブレンドした場合は、使用した重量の多い割合に記載。

⑦製造者……製造業者等の氏名または名称および製造所所在地。

①名称	紅茶
②原材料名	紅茶
③内容量	20g（10袋）
④賞味期限	28.08
⑤保存方法	高温多湿の場所での保存を避けて下さい。
⑥原産国名	スリランカ、インド
⑦製造者	○○紅茶株式会社×× 横浜市西区○○町○−○

図表6−4　紅茶の表示例

4 紅茶製品について

原産地、もしくはヨーロッパなどの海外で「3kg以下の小売用に包装された製品」とし輸入した「輸入品」と「バルクティーを原材料として輸入し、国内で小売用に再包装された製品」と2タイプがある。前者は「輸入品」、紅茶は「加工品」と大まかに分類されている。表示については各々「輸入品」「加工品」の表示規定が適用されるのが大勢の判断と思われる。

しかし、バルクで輸入され、国内での再包装品に対する品質表示については、バルク（荒茶）生産が「商品内容について実質的変更をもたらす行為」との解釈から、「輸入品」としての表示が義務づけられることとなっている。

日本紅茶協会ではJAS法の趣旨に沿い、

・食品業者は、食品のすべての履歴と使用方法など「購買時の選択肢として、一般消費者に提供する義務」があること、消費者にわかりやすく、消費者のニーズを考慮すること。

・食品衛生法、計量法、製造物責任法、都条例などでの表示義務の趣旨に沿うこと。

・紅茶の品質表示については関連性の高い「緑茶」、「コーヒー」の表示方法を参考にする。

とし、策定をしている。

5 残留農薬

ポジティブリスト制度が2006（平成18）年5月29日より実施された。日本紅茶協会では上位輸入先10カ国との情報交換など連繫を図るとともに、併せて毎年主要6カ国11産地茶について、各生産国の使用・推奨農薬と通関時の検疫所のモニタリング農薬項目などについて、分析・検査を実施している。

ちなみに2009年度検疫所のモニタリング項目では紅茶関係の対象品目は、274項目である。

6 賞味期限

商品の鮮度に対する消費者の意識が強まるなかで、1979（昭和54）年頃より賞味期限の表示に関連した問題が東京都、農水省にて協議されてきた。日本紅茶協会では、紅茶の標準賞味期限について研究、調査し、ティーバッグの一般紙包装品の賞味期限は2年、同アルミ箔包装品は3年、リーフティー缶入り包装は3年、インスタントティーは1年と設定し、現在にいたっている。

近年、農水省より客観的指標として、化学的かつ合理的根拠に基づく期限表示の設定が求められており、理化学試験、微生物検査、官能検査などを通じて、現行ガイドラインの再確認が必要となってきており、現在、実検証を進めている。

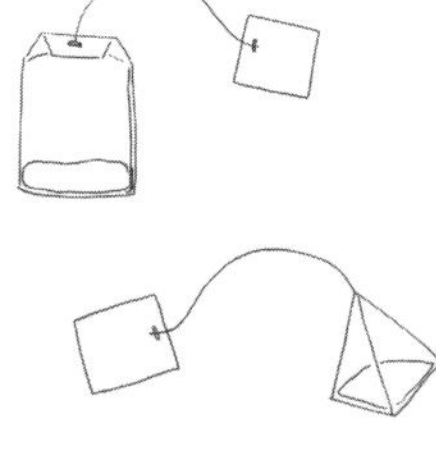

第7章 紅茶の主成分と効能

紅茶は毎日の暮らしのなかで、あわただしい日々にゆとりと楽しみを与えてくれるものとして愛飲されているが、ヘルシーな飲みものとしても注目されている。紅茶の茶葉には三大成分と呼ばれるカフェイン、カテキン（タンニン）、アミノ酸（たん白質）が含まれている。なかでもカフェインには大脳の中枢神経に作用する働きがあり、疲労回復に効果があるといわれる。また、強心作用や利尿作用を促し、血液循環、新陳代謝を活発にすることで注目されている。紅茶がスポーツドリンクとして脚光を浴びているが、これは、紅茶に含まれているカフェインが長時間の持久性運動に有効であることが明らかになったからである。

すなわち、最近の研究で、運動前にカフェインをとることによりグリコーゲンの消費を節約し、脂肪を効率的に燃やすことがわかってきた。つまり、紅茶を飲んでから運動すると、先に体内の脂肪を燃焼させることになるので、マラソンランナーのスペシャルドリンクには紅茶ベースが多く採用されている。アフリカの強豪ランナーでも使用されており、東京国際マラソンで優勝した瀬古選手も、当時スペシャルドリンクとして採用した経緯もある。

一方、カテキンは茶のコク、渋みの源で紅茶の色と香りを決定する第一因子である。このカテキンとアミノ酸の働きがあいまって、カフェインの胃への直接的な刺激を和らげる。さらに、カテキンは抗酸化作用がきわめて強く、近年の実験や研究により血中コレステロールを減少させる効果、老化防止効果、抗ガン作用、風邪のウイルスを抑えて予防する効果などが示唆されている。このほかの成分として微量のフッ素が含まれている。フッ素は歯磨き粉の成分にも使われており、歯の健康を保ち、虫歯の予防に役立つ。

このように紅茶は、単においしい飲みものというだけでなく、非常に健康的な飲みものであるということがわかる。

1 嗜好品としての茶の特徴

『チャ』はコーヒー、ココア（外国でいうチョコレート）とともに世界三大嗜好飲料と呼ばれ、これらにタバコ、アルコールを加え、世界五大嗜好品と呼ばれてきた。

紅茶、コーヒー、ココアの三大嗜好飲料はカフェインを含有しているのが共通点である。原産国は茶が中国、コーヒーはエチオピア、ココアはメキシコとなっている。

需要は、コーヒーは中南米、アジアで生産されてEUで58％、アメリカで30％消費される。ココアは、アフリカで生産され、主として、オランダを中心にヨーロッパで60％消費される。一方、紅茶は、インド・スリランカ・ケニア・インドネシアで生産され、ヨーロッパ・中東・アジアで消費される。緑茶は中国・日本・台湾で生産され、主に中国と日本で飲まれている。はからずも17世紀に、茶、コーヒー、ココアの三大嗜好飲料が同時期にヨーロッパに伝わった。ココアは南米からスペイン経由で、コーヒーはアラビアからトルコを経て、紅茶はオランダ人がヨーロッパへ持ち込み、イギリス人の手で世界各国に広まった。

嗜好品といえば、常にその特有の香味と刺激性が求められるのが特徴的である。「ナルコチックス（Narcotics）」とは、麻酔薬や麻薬の利用による

「酔ったような気分」をいうのだが、石毛直道氏（元国立民俗学博物館長）によると、紅茶やコーヒーを飲用することは、タバコやアルコールを飲用するのに似たナルコチックな効果をもつという。これらは人間の脳に働きかけ、精神に作用を及ぼす嗜好品なのである。しかも、これらは人間の食事やライフスタイルと密接な関係があって、長く常用することにより依存性や習慣性がでてくることも特徴の一つである。

2　紅茶の主成分

茶葉には、先に述べたように三大成分と呼ばれるカフェイン、カテキン（タンニン）、アミノ酸（たんぱく質）が含まれており、さまざまな薬理効果があることがわかってきた（図表7—1）。

資料：大森正司氏資料より再編

図表7－1　茶の薬理効果

(1) カフェイン

カフェインの含有量について、乾物の状態でそれぞれ100gを単位としたカフェインの含有量（%）は紅茶の方が高い（紅茶葉約3%・コーヒー豆約1・5%）。

しかし、1杯当たり抽出率を60～80%とすると、カップ1杯当たりのカフェイン量は、紅茶54～72mgであるのに対し、コーヒーは90～120mgとなり、計算上ではコーヒーは紅茶に比べ約2倍のカフェインを含有していることになる。

カフェインの薬理効果について、以下に示す。

・利尿・発汗作用で体の老廃物の排出を促す。
・強心作用（心臓の機能を高める）で体内の血液循環や新陳代謝を活発化する。
・大脳の中枢神経を刺激して、思考力のパワーアップに役立つ。
・疲労回復作用をもつ。
・筋肉を伸縮させ、運動能力を高める。
・覚醒作用をもつ。
・消化促進する働きがある。
・脂肪を燃焼させる働きがある。

(2) カテキン類（タンニン）

「タンニン」は広く植物中に存在し、種類によって性質も異なる。チャのタンニンは「カテキン」と呼ばれ、多数報告されているが、主要カテキンは4種類である。さらに、これらのカテキン類は、種々の物質と結合しやすく、また、変化しやすい特徴がある。そこで製茶工程の発酵の過程で酸化酵素（ポリフェノールオキシダーセ）の作用により酸化重合し、「テアフラビン」や「テアルビジン」となる。一般に生葉には約15～20％含まれており、紅茶のカップ水色や香味に直接関わりをもつ重要な成分である。

カテキン類の薬理効果を以下に示す。

・血液中のコレステロールを減少させ、生活習慣病の元凶ともいえる動脈硬化の予防に役立つ。

・抗酸化作用があり老化を防ぐ働きがある（老化の原因である過酸化脂質の生成を抑える働きがあるため）。
・抗突然変異作用・抗腫瘍作用をもつ（ガン細胞の増殖を抑制する作用があるとの報告がある）。
・消化器病原菌に対する抗菌力や、ウイルスや虫歯の細菌に対する抗菌力をもつ。
・血圧上昇を抑制する働きがある。
・血糖降下作用をもつ。

(3) そのほかの成分

カフェイン、カテキン類以外に、甘み（旨み）成分のテアニンというアミノ酸（たん白質の組成分）を含む。テアニンは、紅茶に含まれる20種のアミノ酸の約半分を占め、カフェインの作用を抑制する働きをもつ。このため、紅茶の興奮作用はおだやかであるとされる。また、湯の中に溶け出したカフェインがタンニンと結合し、結合したままの状態で体内に摂り入れられるため、カフェインの効果は中和されて胃への刺激が緩和される。

ビタミンB群も含まれており、同群のなかではナイアシンの含有量が多く、脂溶性のものではカロチンとビタミンEが多く含まれている。無機成分は5％ほどで、カリウムとリン酸が主成分である。また、人間の体に必要な微量元素と考えられているマンガン・銅・亜鉛・ニッケルなどのほか、ヨウ素・フッ素も含まれている。

なお、生葉に含まれるビタミンCは、酸化発酵の際に失われる。

第8章 紅茶の飲み方、バリエーション

1 各国での茶の利用法

(1) ティーとチャイの違い

国ごと、地域ごと、民族ごと、また、時代ごとに茶の利用法や添加物が変容している。

チャは、おそらく酒を除いて人類がもっとも古くから愛飲してきた飲料の一つである。「食べるお茶」を除いて、飲用としてのチャには、「煮出す方法」と「湯を注ぐ方法」の2通りがあったと考えられる。そして今日では、水やミルクを使って茶葉を煮出す方法が「チャイ」と呼ばれ、茶葉に湯を注ぐ方法が「ティー／テ」と呼ばれることが多い。

1) チャイ

チャイの作り方には、煎ずる（煮出す）方法と煮つめる（煮込む）方法の2通りがある。

① 煎ずる（煮出す）タイプ（Boiling）

チベット風は、茶の煎じ汁にミルク・バターなどを加えてかき混ぜ、薄めてから飲む。

モンゴル風では、茶の煎じ汁にミルクなどを加えて、薄めてから飲む。

ロシア風は、茶葉と少量の湯を一緒に入れた急須をサモワールの上部分に乗せて、濃く煎じた汁を、急須からカップやグラスに少量入れてからサモワールの湯を上から注ぎ、薄めて飲む。

トルコ風は、ロシア式のサモワールのほかに、独特のダブルポット（2段式）の上段の方のポットに茶葉を入れ、茶葉を先に加熱してから下段ポットの湯を上のポットに入れ、濃く出してから

適量をカップに注ぎ、改めて湯で薄めて飲む。

② **煮つめる（煮込む）タイプ（Stewing）**

一般にインド風といわれているのがこちらの方法で、ミルクと水を（時にはスパイス類などを加えて）混ぜながら沸かして、茶葉と多量の砂糖を入れ、好みで長時間煮込んだりしてから飲む（写真8―1）。

写真8－1　スリランカのキリチャイ（ミルクと砂糖入りの紅茶）

2) ティーとテ

ティー（またはテ）は、茶葉に上から湯を注いで茶液を抽出する方法で、17世紀に入ってから、茶はオランダやイギリスの東インド会社によって、中国東南部から福建方言である「テ」とともに西欧の各国に紹介され、次第に「ティー」になまっていった。

日常的に愛飲されている紅茶（ティー）は、中国に源をもち英国で育まれた紅茶文化である。

(2) イギリス式ミルクティー

われわれは緑茶を飲むとき、砂糖もミルクも入れないが、茶が1600年代にイギリスに伝わったとき、彼らは茶を砂糖とともに（後にはミルクともに）飲む方法を開発した。これがイギリス紅茶文化の特徴であるとされる（写真８－２）。

１６１０年に中国茶がオランダ商人によって同国へ初めてもたらされ、１６３７年頃からオランダ国内で茶が珍しい飲み物として、とくに薬用として重宝されるようになっていった。

イギリスではティーにミルクまたは好みでクリームを加えることが多い。大多数は常温のコールドミルクを使うが、ミルクをひと肌程度に温める人もまれにいる。また、ティーよりも「ミルクを先に」ティーカップの中に入れることの方が多い。ティーに加えるミルクの分量は、個人の好みによる。ティーに多めのミルクを加えた場合、「味が変わってしまう」こともあり、使用するミルクのタイプの特性を十分に理解し、できあがりがどのような風味をしているかをチェックして記憶し

写真８－２　イギリスのホテルでのティー

ておく必要がある。

ミルクは、大きくわけて次のタイプがある。

・ナチュラル・ミルク……低殺菌処理済み、均質乳（ホモジナイズド）、殺菌消毒済み、ロングライフ。

・缶詰ミルク……蒸発処理済み、濃縮乳。

・そのほか……ミルクパウダー、ドライミルク。

また、これらに加えて「低脂肪ミルク」も多数開発されている。

イギリス・ティーカウンシルでは、日常用には「均質乳」または「ロングライフ」を推奨している。

2 紅茶のいれ方の原理

第二次世界大戦後、かつてイギリス植民地であったインド、セイロン（スリランカ）の国家財政は厳しく、外貨収入の多くを紅茶の輸出に頼るしかなかった。両国は、将来的に海外市場での紅茶の普及を推進するため、方策を検討した。

こうして、旧宗主国・イギリスの「ティ・プロパガンダボード」（茶業振興局、在ロンドン）の指導の下に、それぞれ独立を果たした「茶業振興局」が主体となって、まず「正しい紅茶のいれかた」を広めるために『ゴールデンルールズ』（金科玉条）を策定した。そして、1950～60年の間に世界中の主な紅茶輸入国内でのキャンペーンを展開した。

正しい紅茶のいれ方のゴールデンルールズは、国ごとに「紅茶文化」（楽しみ方・利用の仕方など）や、実際に使用する水質、輸入した茶葉の形状・サイズ・ブレンド内容・品質特徴などの違いがあるため、「どの国にも当てはまる絶対的なもの」があるわけではない。
共通する重要なポイントをまとめると次の通りになる。
・ティーポットやカップは湯通しして、温めてから使用する。
・茶葉の分量をきちんと量る。陶磁器製品がよい。1杯分はティースプーンに山盛り1杯が標準。
・完全に沸騰させた瞬間の熱湯を茶葉の上から注ぐ。2度沸かしの湯や、沸騰させ過ぎた湯は使用しない。ケトルをティーポットのそばまで持って行くのではなく、ティーポットをケトルのそばに持って行く。
・ティーポットの中でじっくりと蒸らす。
・ティーカップに回し注ぎをして、濃さを一定にする。

3 正しい紅茶のいれ方

紅茶の注出法には、基本型の1）茶葉の上から熱湯を注ぐ、淹茶法（Brewing Method）と、ほかに2）湯の中に茶葉を投入しての煮出（込）し法（Boiling/Stewing Method）、3）ティーバッグのようなろ過法（Filtering Method）、4）そのほか濃縮、粉末、液体紅茶飲料（ＲＴＤ）などがある。ここでは基本型の淹茶法でのいれ方について説明する。

⑴ 日本紅茶協会によるポイント

茶漉しネットに適当な量の茶葉を入れて上から湯を注ぐだけでは、単に色つきのお湯でしかなく、飲んだときの紅茶のもつフレーバーやコク味が望めない。これは、紅茶のもつおいしい味や香りなどの有効成分が十分出てこないためで、茶葉をポットの中で熱湯により蒸らすことが大切である。

日本紅茶協会では、わが国のライフスタイル、水質、品質レベルなどを勘案して、「日本人が紅茶をおいしくいれるためのヒント、目安（ゴールデンルール）」を策定している。

(2) リーフティーのおいしいいれ方

（図表8－1）

リーフティーのいれ方のポイントとして、次の4点があげられる。

・必ずフタのついたティーポットを使うこと。
・茶葉の分量は、ティースプーンで正確に量ること。
・（水道の蛇口から）汲みたての新鮮な水を強火で沸かし、沸騰直後の勢いのよい熱湯を使うこと。
・ティーポットの中で茶葉を十分に蒸らすこと。

1) ティーポット

陶磁器製、銀製、ガラス製、ステンレス製、ホーロー製などを使用する。

鉄製のものは、紅茶のタンニンと鉄分が化合して紅茶の色が黒ずんでしまうので避けること。形は「熱対流」がスムーズに起こり、茶葉の「ジャンピング」が起こりやすくなるので、胴丸でシンプルなものがよい。

2) 茶葉の分量

ティーカップ1杯分の標準分量は、茶葉のサイ

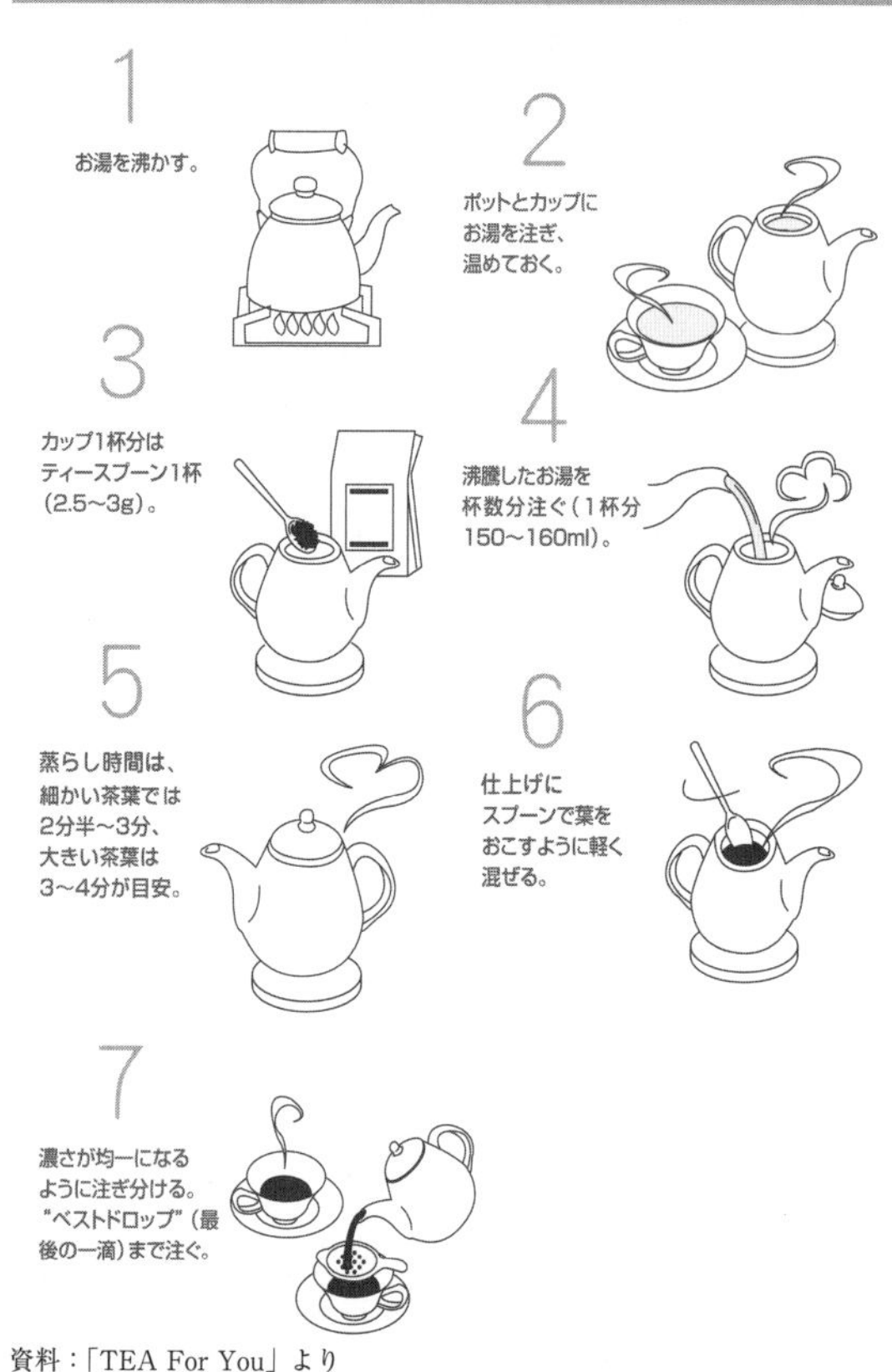

資料:「TEA For You」より

図表8－1　リーフティーのおいしいいれ方

ズにより、細かい葉（ブロークンタイプ）は中山1杯（約2・5g～3g）、大きな葉（リーフタイプ）はティースプーン大山1杯（約3g）を目安にする。

紅茶缶などに書いてあることがある「ポットのためのもう1杯（One for the pot）」については、今は茶葉の品質が改良され、日本の水は軟水なので標準量で十分であり、とくに必要ではない。濃いのが好きな方やミルクティーが好きな方は、もう1杯を加えてもよい。

3) 使用する水と熱湯の分量

水は基本的に水道水がよく、蛇口から勢いよく汲み出した新鮮な、空気をいっぱい含んだ水を使用する。日本の水は一部の地域を除き紅茶に適した軟水である。

この水をヤカンで沸かす。香気成分など十分に引き出すために、完全に沸騰した時点の熱湯を使うこと。

なお水道水のカルキ臭やトリハロメタンが気になる場合は、2～3分余分に沸かすこと。カルキ臭が抜け、トリハロメタンも気化してしまうといわれている。

なお、熱湯を注ぐときはヤカンをポットに持っていくのではなく、「ポットをヤカンの方に持っていく（Take the tea pot to the kettle, not vice versa）」こともポイントの一つである。

注いだらすぐにフタをして、じっくり蒸らすこと。

4) 蒸らし時間

蒸らし時間の目安は、細かい葉（ブロークンタイプ）は2・5～3分、大きな葉（リーフタイプ）は3分以上。これはあくまでも基準であり、お茶の有効成分が十分に抽出されることが大切な要件である。

蒸らしている間など、熱を逃がさないための保温道具としてティーコージーがある。これはポットにかぶせて使用すること。なお、紅茶の味が変化するため、ウォーマーなどの直火にかけない。

紅茶が濃く入りすぎた場合は、イギリス式ではホットウォータージャグに熱湯を入れておき、茶液を薄めることができる。

できあがりは清潔な「茶漉しネット」などを使って手早くティーカップに注ぎ分けること。

5）ティーカップについて

紅茶のおいしさはカップに注がれた水色と味および香りが重要な要素である。

水色の美しさを出すためには、カップの内側はなるべく白く、形は口が大きく広がって、底が浅く、持ちやすく、飲みやすいものがよい。

6）ミルク、レモンについて

①ミルクティー（正しくはティー・ウィズミルク）

牛乳の成分のカゼインが紅茶の味を柔らかくし、栄養的にも優れた飲料となる。牛乳は常温で加えること。温めた牛乳は、独特の加熱臭が紅茶の香りを損ねるため避ける。その代わり、ポットやカップそしてミルクピッチャーを十分温めるとよい。

「ミルクが先か後か」については、かつては一大論争があった。ミルクインファーストは、お茶が貴重品であったためにミルクにティーを含ませる、という風にミルクが先であった。また、熱い茶液を先に注ぐと、薄手の茶椀がひび割れするとか、さらには茶渋が茶椀の底にへばりつくなどという理由もあったようだ。後にヨーロッパの上流社会で、緑茶が主体であったことと、客の好みをうかがうことがもてなしのエチケットであったことから、お茶の後からミルクを加えて茶の味を調整して楽しむという文化が18世紀後半に定着した。また、イギリスでは農地の囲い込みが進み、日常生活用のミルクが不足して「ミルク不足は安いお茶で補うべし」と、茶を特別な条件で提供した時期もあったとの研究もある。

論争は常に楽しいものだが、数年前にイギリス王立科学アカデミーで、熱い茶にミルクを加えるとミルクが急に変化するのでおいしくない。したがって、ミルクインファーストがやはり好ましいとの結末らしき説を発表した。

現代のイギリスではモーニングカップ、マグカップなど大型のカップにティーバッグを投げいれて、ティーをたくさん飲むことも多く、茶碗も多種多様になったのでミルクが後、先については、各自の好みで飲んでいただければよい。

② レモンティー（正しくはティー・ウィズレモン）

薄くスライスしたレモンを紅茶液に浮かべて、スプーンで2～3回かきまわしたら、レモンをすぐに取り出す。

紅茶にレモンを入れると色が薄く変化するのは、化学的に詳しくわかっていない。一説には、レモンに含まれているクエン酸が、紅茶液のpH（水素イオン指数）を変えるため、テアフラビンやテアルビジンなどが化学変化を起こしているものと考えられている。紅茶液は弱酸性で、酸性になると水色は薄くなり、アルカリ性になると黒っぽくなる。

レモンの表皮のワックスが気になる場合は、皮を塩で磨き、10～20秒お湯にくぐらせ冷水にとりスライスするとよい。

7) ティーカップの取っ手について

王侯貴族の茶会で当時使用されていた中国製の小型茶碗は、われわれが今使用している「緑茶用の茶碗」と同じように取っ手がなく、英語でTea Bowl と呼ばれていた。しかし、ティーが次第に普及するにつれて、お茶の席で優雅に膝の上へ受皿をのせたティーボウルを持って上品な会話を楽しみながら、塊になって溶けにくい砂糖をスプーンでかき混ぜる必要が多くなり、１７５０年頃コーヒーカップと同様、ティーボウルにも取っ手をつけて売られるようになった。ティーカップ・ソーサーの誕生である。

また、ティーカップには口ひげ専用のカップもあった。19世紀イギリスで作られた「ムスターシュカップ」では、カップの内側に「カイゼルひげの紳士」用に、口ひげを置く台があった。ポマードをつけた口ひげに湯気があたらず、形が崩れないようになっていたのである。

「コーヒー、紅茶の正しい飲み方」(マナー)では、主人役が受け皿にのせたカップの取っ手を左側にして出し、客はまず、左指でカップの取っ手をつまんで固定し、スプーンを使って砂糖やミルクを入れてかき回し、スプーンを受け皿の上のカップの向こう側に置き、今度は取っ手を右指でつまみ、ぐるりと１８０度回転してから、おもむろに口に運ぶ。これが西洋風正式作法だと思っていた方も結構多いことだろうが、日本独特の発想である。イギリスを中心に欧米では、カップの取っ手は右側、(お茶は右手、お菓子は左手)、カップの花柄や風景は取っ手が右に来たときに、絵が客の目から正面になるように制作されているのである。

(3) 紅茶ティーバッグの扱い方

1) ティーバッグの歴史

ティータイムの席で杯数分の茶葉を、なるべく正確に量るという手間を省き、さらに、いれた後の紅茶の茶殻の処理を簡単にしたいという発想から、イギリスでティースプーン1杯分の茶葉をガーゼに包み、その四隅を集めて糸で縛ったものが考案された。いわば「照る照る坊主」である。この頭の部分が円形になったティーボウルまたはティーエッグ(Tea Egg)と呼ばれたものがティーバッグの原型で、考案者のイギリス人、A・V・スミスが1896年にロンドンで特許を取得した。しかし、実用にはいたらなかった。

1908年にアメリカの茶卸商人、トーマス・サリバンが、茶の見本を取引先に発送する際に、茶葉をアルミ製の見本缶に詰める代わりに布の袋に入れたものを送ってみた。それがティーテイスティングにも便利で好評だったので商品化し、試みに販売し始めたという。これが実用的ティーバッグの誕生ではないかとされている。

1930年、アメリカのデキスター社がろ紙を開発。45年頃、ろ紙使用のヒートシールによるシングルバッグがアメリカで普及し始めた。53年になってドイツでろ紙をW型に折り込んで、アルミのホチキスで止める「コンスタンタ型」ダブルバッグの自動包装機械が開発され、全世界的に普及した。

今日、世界的にはシングルバッグタイプがまだまだ多いが、日本で売られているティーバッグの主流は、ほとんどがダブルバッグタイプである。

しかし、最近では、三角型のテトラやピラミッドタイプのものも急速に増えてきている。

2) 紅茶ティーバッグのおいしいいれ方

（図表8—2）

ティーバッグは、茶葉を計量する手間を省き、茶殻の後始末を簡便にしたものである。リーフティー同様ゴールデンルールに従ってティーポットがサーバーを使い、汲みたての新鮮な水を強火で沸かして、沸騰直後の勢いのよい熱湯を注ぎ、十分蒸らすこと。

蒸らし時間の目安は、CTC茶が主体のティーバッグは約1～1・5分、オーソドック茶主体のティーバッグは約1・5～2分。

ティーカップやマグカップなどで1杯分をいれる場合は、熱湯を注いだ後で小皿やソーサーでフタをして蒸らすとよい（各社製品に記載のいれ方の要領を参考にすること）。

(4) アイスティーのおいしいいれ方

（図表8—3）

アイスティーは、まず先に2倍の濃さの茶液を作って、オンザロックス方式で手早く入れたものがもっともおいしい。

ほかには、水出し（差し）方式などもあり、また、水出し用の紅茶ティーバッグも市販されている。

1) オンザロックス方式のいれ方

・標準量の茶葉にホットティーを作るときの半分量の熱湯を注ぎ、蒸らし時間2～3分程度で2倍の濃さの紅茶液を作る（お湯の量はグラスで1杯分70～80㎖が標準）。

ティーバッグのおいしいいれ方

1

ポットとカップにお湯を注ぎ、温めておく。

2

ティーバッグは1袋がカップ1杯分。
杯数分の熱湯を注ぎ、フタをして1～2分蒸らす。

3

そっと数回振って静かに取り出す。

資料：「TEA For You」より

図表8－2　ティーバッグのおいしいいれ方

アイスティーのおいしいいれ方

1

温めたポットに杯数分の
茶葉を入れる。

2

半分量の熱湯を注ぎ、
フタをして約2分蒸らす
（2倍の濃さの紅茶をいれる）。

3

茶こしを使って別のポットに
移しかえる。
甘味をつける場合は、
ここでグラニュー糖を
入れる。

4

砕いた氷をグラスに
たっぷり入れ、3を注ぎ
急激に冷やす。

資料：「TEA For You」より

図表8－3　アイスティーのおいしいいれ方

・ホットティーを、茶漉しを通して別のポットに手早く移す。
甘みをつける場合は、ホットティーを飲むときの1.5～2倍のグラニュー糖をよく混ぜて完全に溶かす。

人間の味覚は冷たいと鈍感になるため、砂糖は多めでよい。
・氷はなるべく細かく砕き、グラスにたっぷり入れる。
・2倍の濃さに作った紅茶液を氷の上から手早く注ぎ、冷やす。

2) クリームダウンについて

アイスティーをいれた後に、茶液が白く濁ることが時にある。熱い紅茶液を急激に冷やすと、紅茶液の温度が下がるにつれてタンニンとカフェインの複合物が凝固・白濁して茶液の中で浮遊するために起こる。肉眼で見たこの現象を、クリームダウンあるいはミルクダウンという。

クリームダウンを防ぐ対策としては、渋みの強い（タンニンの多い）紅茶が発生しやすいので、タンニンの含有量の少ないあっさり系の茶葉を選ぶ。中国紅茶ベースのアールグレイ、ニルギリ、セイロンミディアムグロウンなどがよい。

また、蒸らし時間を短くするなどの工夫をすること。

4 代表的なティーメニュー

それぞれのメニューに合った茶葉を選ぶことが、おいしく飲むポイント。

(1) HOT TEA

シャリマ・ティー

〔材料〕

茶葉（ニルギリ、ダージリンなど）……3g

熱湯……150㎖

オレンジ・スライス（厚さ4～5㎜）……1枚

〔作り方〕

①茶葉と熱湯でホットティーをいれる。

②温めたティーカップにオレンジ・スライスを入れ、ホットティーを注ぐ。

③お好みでハチミツまたはグラニュー糖を加える。

シェルパ・ティー

〔材料〕

茶葉（ニルギリ、ダージリンなど）……3g

熱湯……150㎖

マスカット（生または缶詰）……4粒

ロゼワイン……15㎖

〔作り方〕

①マスカットの皮をむき、半量を温めたティーポットに入れ、スプーンで軽くつぶし、茶葉と熱湯を加え、マスカットと一緒に蒸らす。

②温めたティーカップにロゼワインと残りのマスカットを入れ、ホットティーを注ぐ。

オーチャード・ティー

〔材料〕

茶葉（セイロンブレンドなど）……3g

熱湯……80㎖

アップルジュース……60㎖

リンゴ・スライス（6～7㎜）……1枚

〔作り方〕
①茶葉と熱湯でホットティーを作り、温めたティーカップに注ぐ。
②アップルジュースをとろ火で軽く温め、ホットティーに混ぜる。
③リンゴ・スライスを浮かべる。

ポットフルーツティー

〔材料〕
茶葉（セイロンブレンドなど）……5g
またはスタンダードなティーバッグ（クセのないブレンド）……2袋
熱湯……300mℓ
季節の果実（ブドウ、オレンジ、リンゴ、メロンなど）……適宜

〔作り方〕
①茶葉と熱湯でホットティーをいれる。
②ティーポットに好みの果実をカットして入れ、ホットティーを注ぐ。
③お好みでハチミツやリキュールを加える。

ロイヤルミルクティー

〔材料〕
茶葉（アッサム、ウバ、セイロンブレンドなど）……5g
牛乳……80mℓ
熱湯または水……80mℓ

〔作り方〕
①牛乳と水を合わせて片手鍋に入れ、火にかける。
②茶葉を別のうつわに入れ、少量の熱湯で湿らせておく。
③沸騰直前に茶葉を片手鍋に入れ、火を止めフ

タをして蒸らし、茶漉しで茶葉を漉しながらティーカップに注ぐ。好みでグラニュー糖を入れて甘みをつける。

ジンジャーミルクティー

〔材料〕

茶葉（ディンブラ、ケニアなど）……5g
熱湯……80㎖
牛乳……80㎖
おろしショウガ……小さじ1／2

〔作り方〕

①ティーポットに茶葉を入れ熱湯を注ぐ。
②3分蒸らしてから熱い牛乳を注ぎ、さらに2分蒸らす。
③茶漉しで茶葉を漉しながらティーカップに注ぎ、おろしショウガを加え、好みでグラニュー糖を入れて甘みをつける。

アーモンドミルクティー

〔材料〕

茶葉（ディンブラ、ケニアなど）……3g
熱湯……80㎖
牛乳……80㎖
アーモンド（ローストしたもの）……適宜

〔作り方〕

①ティーポットに茶葉と砕いたアーモンドを入れ熱湯を注ぐ。
②3分蒸らしてから熱い牛乳を注ぎ、さらに2分蒸らす。
③カップに注ぎ、アーモンドを散らす。好みで生クリームを浮かべてもよい。

(2) ICE TEA

フルーツセパレートティー

〔材料〕

茶葉（アールグレイなど）……５g
熱湯……１２０mℓ
グラニュー糖……小さじ4
グレープフルーツ搾り汁……30mℓ
飾り用くし形グレープフルーツ……1個

〔作り方〕

①茶葉と熱湯で濃いホットティーを作る。
②グラニュー糖を加え、溶かす。
③氷の入ったグラスに②を8分目まで注ぐ。
④氷の上から静かにグレープフルーツの搾り汁を注ぐ。
⑤グレープフルーツを飾る。

アイスティーロイヤル

〔材料〕

アイスティーベース……１２０mℓ
グラニュー糖……小さじ4
牛乳……30mℓ
生クリーム……10mℓ

〔作り方〕

①茶葉と熱湯で濃いアイスティーベースを作る。
②グラニュー糖を加えて溶かし、氷を入れたグラスに8分目まで注ぐ。
③生クリームを3分立てにして浮かべ、上から静かに牛乳を加える。

トリプルティー

〔材料〕

アイスティーベース

グレナデンシロップ
グレープフルーツ果汁

〔作り方〕

①グラスに氷を2～3片入れ、グレナデンシロップを入れる。

②グラスに氷を満たし、グレープフルーツ果汁を注ぎ、その上からアイスティーベースを静かに注ぐ。

ラズベリーティースカッシュ

〔材料〕

アイスティーベース
ラズベリージャム……小さじ2
炭酸水……小さじ3

〔作り方〕

①ラズベリージャムは少量のホットティーで溶かしておく。

②グラスにジャムを入れ、次に氷を入れて上からアイスティーベースを注ぎ、最後に上から炭酸を入れる。

第9章 紅茶用語解説

ここでは、紅茶に関する主要な用語について、解説をまとめた。

・**アールグレイ・ティー〔Earl Grey Tea〕**

今日、市販されているアールグレイ・ティーは、紅茶にベルガモット精油（南イタリア、シシリー島が主産地の柑橘類）などの香りをつけたもの。この製品に関しては諸説あるが、もっともロマンあふれる伝承は、イギリスが中国との外交交渉のため1834年に派遣したネイピア外交使節団により持ち帰られ、時の英国宰相グレイ伯爵（1830～34年首相）が愛飲したことから、「アールグレイ」と呼ばれるようになった。

ただし、1830年代には中国紅茶もなく、また、中国にはベルガモットの樹はなかった。当初は乾燥した茶葉に特殊な香りをつけた中国産の着香茶であった。

・**アイスティー〔Iced Tea〕**

冷やしてから飲む紅茶の総称。1904年夏、アメリカセントルイスで行われた万国博での連日の猛暑に、インドの紅茶試飲会場担当者が熱い紅茶に氷をたっぷり入れて提供したところ、大好評を博したことが始まり。おいしいアイスティーの作り方は、まず2倍の濃さの紅茶をグラス1杯の氷の上から注ぎ、急激に冷やす「オンザロックス方式」がお勧め。ほかに「冷蔵方式」、「水出し方式」などがある。

・アッサム〔Assam〕

インド茶の約2分の1を生産するインド東北部の州名で、世界最大の茶産地。アッサム種の原産地。紅茶は水色が強く、渋みは弱くてコク味がある。ＣＴＣがほぼ１００％である。

・アフタヌーンティー〔Afternoon Tea〕

おいしくたっぷりいれた紅茶で社交を楽しむ午後のお茶会のこと。起源は17世紀後半以降、王侯貴族やブルジョア階級が自宅のサロンや茶の間などで楽しんだ。１８４０年代には第7代ベッドフォード侯爵夫人アンナマリヤが、午後5時のお茶会として勧めた。形式やマナーなどができたのは、19世紀のヴィクトリア王朝から20世紀にかけてである。

・アロマ〔Aroma〕

茶の審査用語で香気のこと。紅茶の審査はこのほか、水色（Liquor）、殻色（Infusion）、味（Taste）の4要素について行う。

・萎凋（いちょう）〔withering〕

紅茶製造工程の第一工程で、摘採した生葉をしおらせること。揉捻で良く撚れるように水分を45％程度に減らす。ＣＴＣでは30％程度。この工程で香気成分などの活性が高まる。

現在では自然萎凋ではなく生産性、効率などで萎凋槽により送風機や熱風機などを使用しての人工萎凋が主である。

・一芯二葉〔Two Leaves and a Bud〕

茶の生産のための理想的な摘採の仕方、または摘採の状態をいう。芯とは未展開の芽先のことで、1の芯芽と2枚の葉のこと。

・インスタントティー〔Instant Tea〕

紅茶の可溶成分を粉状か粒状に乾燥したもの。製造方法は、紅茶の茶葉を熱湯浸出して、エキス分を真空で濃縮し、噴霧乾燥させる方式と、濃縮した紅茶の抽出液を急激に冷却させ、高い真空のなかで水分を昇華させ、粉砕して冷却乾燥する方式がある。

近年、紅茶の生産国、インド、ケニアでは、茶葉から紅茶にしないで、直接エキス分を浸出、乾燥させる方法が採られている。

・ウバ（ウヴァ）〔Uva〕

セイロン島、中央山脈の東南部にある高級紅茶の産地。ウバ茶は世界三大銘茶の一つ。年2回のモンスーン期の関係で5～9月に乾燥期を迎え、とくに、8月上旬から9月にかけてすばらしいフレーバー（ティー）が生産される。特徴はパンジェンシーと呼ばれる好ましい渋味と強い味で、メンソール風の特徴ある香りが珍重される。

・エージェント〔Agent〕

生産者または輸入業者は取引斡旋や情報収集のため、主な消費国にエージェント（代理店）契約した貿易商をもっている。したがって、茶の世界の主な業者との取引は、このエージェントを通じて行われることが多い。

・エステート〔Estate〕

本来はスリランカの大規模プランテーションのことをいう。具体的には、200エーカー（80へクタール）以上の茶園に工場管理人および従業員宿舎、事務所、病院、学校など、すべての生活設備が整っている組織農場のこと。

大規模農園はほかに、カカオ、ゴム、パームやしなどもある。

・エンベロップ〔Envelope〕
ティーバッグの外装紙。紙または、アルミラミネート袋が多い（内側はフィルターペーパー）。

・オーガニックティー〔Organic Tea〕
有機栽培紅茶。化学肥料および農薬などの化学物質に頼らずに生産された紅茶で、国際的な認定基準を満たし、認定機関の認証が必要である。日本においては有機加工食品のＪＡＳ規格が施行されており、ＪＡＳ規格に適合した生産が行われていることを登録認定機関が検査し、その結果、認定された事業者のみが有機ＪＡＳマークを使用することができる。

・オークション〔Auction〕
原料茶の取引のため定期的に公開される「競り市」で、主な競売市場は、コロンボ、コルカタ、コーチン、モンバサなどである。

・オーソドックスティー〔Orthodox Tea〕
正統的紅茶の製法で作られた紅茶。茶葉らしい形状と外観をしている。

現在では、ＣＴＣ製法でない方式で作られた紅茶以外はオーソドックスの名で分類されている。

世界の生産量の37・7％がオーソドックス、62・3％がＣＴＣである（２０１４年）。

・オレンジペコー〔Orange Pekoe〕

O・Pという。オーソドックス製法で作る紅茶の仕分けで、針金状で長い葉、よく捻られた大型リーフ、若い葉で葉肉は薄く淡いオレンジ色の芯芽を含む。上級品が多い7～15㎜で、篩(ふるい)#10以下で振り分けられた。

・カテキン〔Catechin〕

茶に含まれるタンニン物資で、主として辻村博士により究明された。近年の科学的研究によって抗酸化、抗菌、コレステロールおよび脂質上昇抑制、血圧上昇抑制、血糖上昇抑制、抗腫瘍など作用があることが裏づけられた。

・カフェイン〔Caffeine〕

茶素といい、茶葉中に含まれるアルカロイドで、絹糸状に結晶する。無色でやや渋みのある物質。昂奮性があり、医薬として広く強心剤などに用いる。

紅茶とコーヒーのカフェイン含有量は、乾燥物では紅茶はコーヒーよりも多いが、飲用物としては2分の1である。

・カロチン〔Carotin〕

茶に含まれているビタミン類似体の植物色素。赤色で不溶性、ニンジン、カボチャの色が同成分で、動物体内に入ってビタミンAに変わる。β-カロチンは紅茶の香気の前駆体としても重要な物質である。

・クオリティーティー〔Quality Tea〕

香気成分がもっとも充実した高品質の紅茶が期待できるシーズンに収穫した、成分に富み、水色の濃い、コクのある、豊かな香味をもち、内容的に充実した紅茶を意味する言葉。広義には、高級品を意味する。

・**キーモン（祁門）〔Keemun〕**

中国、安徽省南部の台地。世界の三大紅茶銘茶産地（祁門、ダージリン、ウバ）の一つとして有名。祁門紅茶は、水色は薄いがスモーキーなフレーバーが特徴である。

・**クリームダウン／ミルクダウン〔Cream Down〕**

湯でいれた紅茶液を放置し温度が下がったときや、アイスティーをいれたときに透明であった液が濁ってくる。この現象をクリームダウンという。これは茶に含まれているタンニンとカフェインが結合して生じる現象で、タンニンの多い茶に多くみられる。

・**ゴールデンチップ〔Golden Tip〕**

茶葉の外側に白く細かいうぶ毛が光っている心芽をチップと呼び、そのうぶ毛が発酵し紅茶液に染まり金色に光った状態をゴールデンチップという。概して多く含まれたものが高級品とされる。

・**ゴールデンリング〔Golden Ring〕**

紅茶液のカップ周辺に接した部分の水色が黄金色のリングのように輝いた状態をいう。一般的にバランスのとれた紅茶の証明といわれている。

・**コルカタ（カルカッタ）〔Kolkata・Calcutta〕**

インドのベンガル州、インド茶の集散地で輸出港でもあり、茶のオークションがある。コルカタ・オークションは１８６１年開設され、コルカタの茶商の中心地であるニルハットハウスのＪ・トーマス社のなかにあり、毎週月、火、水曜日の3日間オークションが開かれる。

・コロンボ〔Colombo〕

スリランカ最大の港湾都市で茶の集散地。1883年に開設した茶のオークションがあり、毎週火・水に商工会議所にて開催されている。

・グルジア紅茶〔Gruziya Tea〕

旧ソ連邦であるグルジア共和国の黒海とカスピ海中間、カフカス山脈の南斜面が茶産地。

茶の生育の北限といわれている。かつて15万tの生産があったが、チェルノブイリの原発事故以降、南接のアゼルバイジャンと合わせ1万t程度に減産。

・工夫（コングー）紅茶〔Congou Black Tea〕

中国の古典的な手造り紅茶のこと。「手間、暇をかけていねいに」の意味をもつ表現。

中国語で工夫をゴングウというのに対し、英語発音ではカングー。中国紅茶の評価基準では「形状外観重視」であり、形状、サイズがよくそろうためには特別な注意と熟練が必要である。

・挿木法〔Vegetative Propagation〕

紅茶栽培の繁殖法・苗作りの一つ。優良品種を大量に増やすもっとも実用化されている方法。

一般的に挿し穂（一節半葉）を肥料分のない土（ポリ袋入り）に挿して発根、発芽させる。その後潅水、日照、施肥、除草、摘芯などの管理をして1～2年植える。

・青殺（さっせい）（シャーチン）〔Primary Blanching〕
製茶用語で、加熱して生葉中にある酵素の活性を止めること。

加熱の方法は、焼く、煮る、炒る、蒸すなどの方法がある。殺青の青は生葉の色を指す。青殺の程度により、緑茶、ウーロン茶、紅茶に製造される。

・サモワール〔Samovar〕
ロシアのお茶湯沸かし器。18世紀初頭に、ロシア固有の湯沸かし用ヤカンと中国式の火鍋に似た卓上鍋の機能をミックスして創作された。下部に薪を入れて点火し、胴壺にいれた水を沸かした。

・三大銘茶
19世紀末～20世紀初めに出そろった銘茶。インドのダージリン、中国キーモン、スリランカ（セイロン）のウバ（ウヴァ）を指す。いずれも特有の香味と滋味が当時の紅茶通に称賛された。

・CTC紅茶〔CTC Tea〕
ＣＴＣ製法によって製造された紅茶。ＣＴＣとはCrush（潰す）、Tear（引き裂く）、Curl（粒状に丸める）の略。この揉捻機は１９３０年代にW・マック・カーチャーが特殊機として考案した。

２０１４年の世界の生産量のうち62・3％がＣＴＣ紅茶で、アフリカ地域ではほとんどがＣＴＣ紅茶である。

・ジャンピング〔Jumping〕
ポットなどを使って紅茶をいれたときに〝茶の葉が熱湯の中で飛び上がり、舞い降りる動作を繰り返す〟現象のこと。おいしい紅茶をいれる重要なポイントといわれている。

かつてイギリスの紅茶研究家ガーバス・ハックスレー氏によれば、理想的な温度の熱湯を注ぐと、半分以上の茶葉が上に浮かんで、残りが下に沈み、しばらくすると上に行ったり、下に行ったりし始めると発表した。これは熱湯の熱対流によるものである。

ジャンピングが起きる条件として肝要なことは、汲みたての空気の多く含まれた水を強火で沸かし、沸騰直後のお湯を使うことである。

・スーチョン〔Souchong〕

中国紅茶の銘柄用語の一つで、中国福建方言の「小種(Sia Chung)」からきたもの。元来は大きく成長した葉から作られたものを意味し、葉が太く、丸く仕上げられたものがよい。水色はややうすい。

・セカンドフラッシュ〔Second Flush〕

北インドの茶Assam とDar-jeeling では、1st Flush の後の5〜6月の摘採を2nd Flush といって、香気をはじめ内容的にももっとも充実したもの。この時期の茶は高級品。

・センテッド・ティー〔Scented Tea〕

着香茶のことで、乾燥茶葉に香料をつけたもの。Flavoured Teaまたは、Perfumed Teaと呼称する。

中国では茶花といって良質の緑茶にジャスミン、珠蘭の花の香気をつけたものをいい、台湾の包種茶にジャスミンの花の香りをつけたもの。

紅茶では伝統的なものとしては、ラプサン・スーチョン、ジャスミン・ティー、アールグレイ・ティー、ライチー・ティーがあるが、現在では、フルーツの香り(リンゴ、マンゴなど)、花の香り(バラ、ジャスミン、スミレなど)、スパイスの香り(シナモン、ミントなど)、そのほかの香り(ラム、アーモンドなど)をつけたものを呼称している。

・ダージリン〔Darjeeling〕

インド東北部、西ベンガル州の地名。有名な避暑地でもあり、また、紅茶の特殊な芳香ある世界三大銘茶の一つの産地でもある。ダージリン茶は、独特の優れた香りと味があり、外観は細く硬く捻れたO・Pタイプが一般的で、浸出時間は若干長い4~5分程度。6月第1週の茶がとくに秀れており、例年世界最高の価格でセリ落される。

・ダスト〔Dust〕

紅茶の等級区分(大きさ)のひとつで、粉のように細かいサイズのこと。最近のティーバッグ主流の消費傾向から注目され、品質がよければ価格も高くなる。オークションも別に分けて行われるところが多い。

・ダン茶〔Dancha〕

茶葉に蒸気を加えて軟らかくし、これを型に入れて圧力を加え、乾燥してレンガ状にした茶。紅茶と緑茶があり、紅茶は紅磚(こうたん)茶といわれ、主としてロシア、中国で、緑茶は緑磚茶といわれモンゴル、チベットで消費される。

・タンニン/ポリフェノール〔Tannin/Polyphenol〕

茶のタンニンは茶葉化学成分のうちもっとも重要なものの一つで、茶の水色、滋味、香気にも関係する。タンニンは一般的に広く植物の中に含まれており、その水液は収斂性が強く革のなめしに使われる。

茶のタンニンは、紅茶の製造中に酸化酵素の作用により、テアフラビン〈発酵の工程でタンニンの内のカテキン類が酸化発酵して生じる黄色の化合物で、紅茶の品質、強い収斂性〈刺激性〉、そして明るさに関係するもの〉と、テアルビジン〈テアフラビンが濃縮されてできた赤褐色の化合物で、抽出茶液の強さ、コク、水色などに関係するもの〉を形成する。これが紅茶の水色、滋味の本体である。

・チップ〔Tip〕

紅茶用語で、茶の芽のこと。製品の中に含まれたオレンジ色を帯びた頂芽のこと。

・ティーコージー〔Tea Cosse〕

茶帽子、ティーポットの保温用カバーで、毛糸やキルティングでできているものが多い。

・ティーバッグ〔Tea Bags〕

ろ過紙や、ナイロンメッシュなどに紅茶の茶葉を包み込み、湯をさしてそのまま飲めるようにした茶。現在熱シールしたシングルバッグと折り込みで作られたダブルバッグのほか、ナイロンメッシュのものがある。また、外装は紙と防湿のアルミ包装がある。

1930年アメリカの「デキスター社」が濾紙を開発、1953年ドイツの「テーパック社」がコンスタンタダブルパックの包装機械を開発し、1960年代より急速に普及した。

・ティー・エキスパート〔Tea Expert〕

紅茶関連業務全般に精通した国際レベルの専門

家で、茶樹の育成、品質鑑定、買付、マーケッティング、品質管理になどすべてにわたりカバーする。

また、原料買い付けのみの専門家は、ティーバイイング・エクスパート、テイスティングのみの専門家はティーテイスター（鑑定人）ともいう。

・ニルギリ〔Nilgiris〕

南インド・ニルギリ山（土語で青い山）の高原5000～6000フィートの地帯の茶産地。形のよく揃った、色の明るい、味の強いしっかりした茶で、特有の芳香をもつ。セイロン茶に似ている。1～2月がクオリティーシーズン。

・ヌワラエリヤ〔Nuwara Ellya〕

スリランカの中央高原の中心にあるハイグロンの茶産地。フラワリーな香りと、ブライトな水色が特徴。年2回のモンスーン期の関係で東のウバ、西のディンブラの両シーズンに関係をもち、2月と7月に高級茶が生産される。

・パンジェント〔Pungent〕

心地よい渋味を表現する言葉。ただし、苦味がなく最高のCup Characterをいう。

・半発酵茶〔Semi-fermented Tea〕

発酵工程を一部に取り入れた茶。ウーロン茶、包種茶（ほうしゅ）をいう。厳密な発酵の度合いを示すわけではない。たとえば、台湾の紅烏龍茶などは紅茶に近い香味をもつが「半発酵」に分類される。一方、紅茶の製造で香気を重視してほとんど発酵工程を経ないで乾燥する場合もあり、「発酵の若い紅茶」という。

・BOP〔Broken Orange Pekoe〕

ブロークン・オレンジ・ペコーの略。日本などで流通している、ポットに入れて浸出して飲むための缶または簡易包装のバラ売り紅茶の標準サイズ。オーソドックス製法の場合、このサイズが主体である。

・日陰樹〔Shade Tree〕

茶園に植えた日除けの木。アッサムなどの熱帯の低地では気温が高いので、日除けの意味で多く植えられている。マメ科の大木が多い。

・フェアトレード〔Fair Trade〕

1950年代にアメリカ、ヨーロッパから生まれた概念で、1967年にオランダでFair Trade Organisatieが設立。国際貿易における先進国と途上国の公平さを図り、途上国の生産者、労働者によりよい取引状況を提供することで、彼らの権利を強化し、持続可能な発展と発展途上国の自立を促す。とくに紅茶、コーヒー、カカオなど一次産品の国際貿易が生産者側の犠牲の上になりたっているのを改めようとする国際的な運動。

・プライベートセール〔Private Sale〕

定期的に公開、開催されるオークションに対して、個々の商談を通じて決める売買のこと。価格などは双方の商談によって決められる。いずれの場合も、シーズンのお茶を自己選定し、適量を早期に決めて取引することができる。

・ブレンド〔Blend〕

ブレンド（配合）とは、紅茶の鑑定（テイスティング）時に評価された紅茶のそれぞれの特徴を生かし、しかも、消費地の水に適合した茶を配合して作ることで、最高の専門的技術を必要とする。茶商の腕のみせどころで、素人が茶を混ぜ合わせることは、ブレンドではなく単なる混合である。

・ペコー〔Pekoe〕

紅茶の形状名。古典的製造法で作られたOP（オレンジペコー）の大きさで、より太い形のもの。語源は中国のチップを意味する白毫がなまったもの。紅茶が英国に輸入された頃には、よい形状を意味していた。その後は葉の大きい・葉っぱ状サイズを意味する記号になった。

〔Lapsang Souchong〕

中国福建省崇山で生産した正山小種の特殊な紅茶。形状・外観は粗いが、水色は紅色で甘い後味とコク味がある。松の煙香が強い。

参考文献・資料

布目潮風「中国名茶紀行」新潮選書（1991年）
佐々木高明「照葉樹林文化の道」NHKブックス（1982年）
守屋　毅「喫茶の文明史」淡交社（1992年）
周　達生「お茶の文化史」福武書店（1987年）
矢沢利彦「東西お茶交流考」東方書店（1989年）
角山　栄「茶の世界史」中公新書（1980年）
春山行夫「紅茶の文化史」平凡社（2013年）
荒木安正「紅茶技術講座Ⅱ」柴田書店（1978年）
荒木安正「新訂・紅茶の世界」柴田書店（2001年）
荒木安正・松田昌夫「紅茶の事典」柴田書店（2002年）
小池　滋・荒木安正「紅茶の楽しみ方」新潮社（1993年）
山西　貞「お茶の科学」裳華房（1992年）
H.Ukers "All About Tea" T&C Trade Journal
J.Pettigrew "A Social History of Tea" The National Trust
D.Forrest "Tea for the British" Chatto&Windus
International Teq Committee "Bulletin of Statistics"
日本紅茶協会「会報」、「TI養成研修テキスト」ほか

日本紅茶協会について（本書資料提供）

設立

日本公社協会は昭和14（1939）年に紅茶協会として設立され、その後種々変遷を経て、外国産紅茶の輸入自由化が実現した46（1971）年12月1日に日本紅茶協議会として設立、59（1984）年現在の組織に改称、改組され、以後幅広く活発な活動をしている国内唯一の紅茶関連業者の団体である。

会員

理事会員9社、会員33社の計42社の会員と賛助会員（陶器、製造・資材、機械メーカーなど）8社、特別会員（海外政府機関）5機関の計55社／機関で構成されている。

主な活動

(1) 業界窓口としての事業と広報
国内関係官庁、海外国際機関の窓口業務他

(2) 消費促進
ティーセミナーの実施や紅茶の日イベント等

(3) 教育事業
ティーインストラクターやティーアドバイザーの養成研修他

〔執筆協力〕

荒木安正（あらき・やすまさ）（第一章執筆）

1935年大阪市に生まれる。1959年関西学院大学経済学部卒業後、ただちに紅茶業界に入る。以来、リプトンなど内外3銘柄の海外業務とマーケティングに専従し、1995年定年退職。以後、日本紅茶協会理事、顧問に就任、「ティーインストラクター養成研修」などの教育事業全般に参画し、講師役を務めている。現在、同協会名誉顧問。著書は『紅茶技術講座Ⅱ』、『紅茶の世界』、『紅茶の事典』など。

【著者】

清水　元（しみず　はじめ）

1940（昭和15）年東京都千代田区富士見町に生まれる。1963年早稲田大学法学部卒業後、大手精密機器会社に入社し、盛岡、青森営業所長などを務める。1968年日本輸入食品㈱（後のリプトンジャパン㈱）に入社、仙台、東京営業所長などを経て、平成5年ユニリーバの日本法人との合併により、日本リーバ㈱（現ユニリーバ・ジャパンホールディングス㈱）の東京営業所長、ギフト統括マネジャー、ティートレーディングマネジャーなどを歴任。2004年日本紅茶協会専務理事に就任、2014年、同協会顧問。

本書は、日本紅茶協会　専務理事 稲田信一氏が初版に加筆・修正した。

食品知識ミニブックスシリーズ「改訂版　紅茶入門」

定価：本体1,200円（税別）

平成22年9月30日　初版発行
平成28年7月15日　改訂版発行
平成29年1月18日　改訂版第2刷発行
平成30年6月22日　改訂版第3刷発行
令和3年6月7日　改訂版第4刷発行

発 行 人：杉　田　　尚
発 行 所：株式会社　日本食糧新聞社
〒103-0028　東京都中央区八重洲1-9-9
編　　集：〒101-0051　東京都千代田区神田神保町2-5
北沢ビル　電話03-3288-2177
FAX03-5210-7718
販　　売：〒104-0032　東京都中央区八丁堀2-14-4
ヤブ原ビル7F　電話03-3537-1311
FAX03-3537-1071
印 刷 所：株式会社　日本出版制作センター
〒101-0051　東京都千代田区神田神保町2-5
北沢ビル　電話03-3234-6901
FAX03-5210-7718

カバー写真提供：PIXTA
ISBN978-4-88927-254-3　C0200

★紅茶業界の育成・発展に活躍する